餐饮行业职业技能培训教程

图解
韩式裱花
技艺

Myra 著

中国轻工业出版社

图书在版编目（CIP）数据

图解韩式裱花技艺 / Myra著. —北京：中国轻工业出版社，
2018.9

餐饮行业职业技能培训教程

ISBN 978-7-5184-2040-7

Ⅰ.①图… Ⅱ.①M… Ⅲ.①蛋糕－糕点加工－技术培训－
教材 Ⅳ.① TS213.23

中国版本图书馆CIP数据核字（2018）第164891号

责任编辑：史祖福　方晓艳　　责任终审：劳国强　　整体设计：锋尚设计
策划编辑：史祖福　　　　　　责任校对：晋　洁　　责任监印：张　可

出版发行：中国轻工业出版社（北京东长安街6号，邮编：100740）

印　　刷：北京富诚彩色印刷有限公司

经　　销：各地新华书店

版　　次：2018年9月第1版第1次印刷

开　　本：787×1092　1/16　印张：10.75

字　　数：200千字

书　　号：ISBN 978-7-5184-2040-7　定价：58.00元

邮购电话：010-65241695

发行电话：010-85119835　传真：85113293

网　　址：http://www.chlip.com.cn

Email：club@chlip.com.cn

如发现图书残缺请与我社邮购联系调换

180528S1X101ZYW

序

在开始做豆沙霜裱花蛋糕之前，我辞掉了13年的教职生活，经常问自己："你想做什么？""你想成为怎么样的人？"我学过插花、料理、欧洲刺绣等很多技能，其中偶然发现的豆沙霜裱花蛋糕是充满魅力的蓝海。虽然才刚开始接触，但深深地着迷，且有了如花朵般美丽的成果。

豆沙霜裱花是从奶油霜裱花衍生出来的，由于我对于基本摆设和花朵定型化渐渐感到厌烦，经过多日的苦思之后，我决定要用我专属的花朵来制作蛋糕。

成立GFDA协会（GLOBAL FLOWER DESIGN ASSOCIATION）后，我仔细地观察花朵、观看花瓣，果断放弃既定的花朵摆设方式，试着自由地呈现，想办法和其他蛋糕做出区别，这样才能让工作更有乐趣。

所有的工作都一样，如果同样地跟随别人，那就没有任何意义了，将基本功练扎实，抛开既定观念，研究别人没尝试过的花，现在回想起来都是令人激动的。

有句韩国谚语说"珍珠三斗，成串才为宝"，自己的梦想要自己寻找，自己找到答案且付诸行动，不管做了多美好的梦，若不努力和花费时间，绝对无法实现梦想，谁也无法替我们完成这些功课，只有自己解题，每天培养新的梦并前进。

各位亲爱的读者，从2015年开始的米蛋糕和豆沙霜裱花虽然历史尚浅，然而在各位的关心和支持下，不仅在韩国，也在中国各地成为广受喜爱的蛋糕。

这种将韩国的传统食物年糕当作基底，运用各种材料制作的年糕蛋糕，是用豆沙霜当作裱花材料，以天然粉末调色，再制作成像鲜花般的裱花装饰，集实用性和艺术性为一身的豆沙霜裱花蛋糕，加上创作者的创意与设计，让豆沙霜裱花能够比实际鲜花更加华丽，再搭配上豆沙霜的柔软与香甜，深受大家喜爱。

由衷祝贺MYRA老师出版新书，她比任何人都了解豆沙霜裱花蛋糕的美丽，MYRA老师的基本功稳健，实力出众，蛋糕作品皆绽放出美丽的花朵，在此献上掌声。

也希望人品和德行都优秀的MYRA老师，用心撰写的这本教材，能成为豆沙霜裱花蛋糕入门的圣经。

盼望未来的道路幸运与你们同在。

Global Flower Design Association韩式裱花协会主席

Cakehouse&Lim

2018年03月16日

前言

不知道大家有没有听过一句话，"授人以鱼，不如授之以渔"，撰写这本书最主要目的，就是希望大家读完后，真的能自己做出美丽的裱花蛋糕。

常常遇到学生问："老师还有其他课程可以报名吗？""老师我还想学其他花"，这时我都会请她们先别急，回去多练习目前学到的花型、尽可能熟悉花嘴的使用方法后，如果真的想再精进，或遇到靠练习无法解决的问题，再来报名其他的课，常常被笑说是把钱往外推。

这是因为我希望学生先将基础打好，在不断练习的过程中，熟悉花嘴用法与特色，以及花嘴能够制造的效果。有了扎实的基础后，可以勇敢地去"玩花嘴"、尝试各种裱法，有时会意外研发出新的裱花花型，或是找到最适合自己的裱花方式。我认为跟老师学习的重点，应该是学习花嘴的用法，而不是裱花的花型，这样才不会要想挤出新花型，就得找老师上课，好像每次都得跟老师买鱼吃一样。

因此本书用了很多篇幅解释裱花基础概念、花嘴使用角度、裱花可能发生的错误，以及花朵组合、设计概念等，就是希望读者读完本书后，对裱花有更详细、更全面的了解，而且能自由地运用学到的技巧，做出美丽万千的裱花蛋糕。

书中也按照从基础、中级到高级的程度，设计不同的裱花示范，以及如何在蛋糕上组合美丽的裱花，若能够按照书中设计的章节，按部就班地动手练习，学习起来一定可以事半功倍，让你在裱花这条路上，走得比别人更快。

最后要提醒大家，裱花需要非常多的耐心与练习，没有人刚开始裱花就非常完美，重点是别怕失败，勤加练习才能够让花越来越美，也期盼大家都能和我一样，在裱花世界中找到无穷乐趣。

Myra

目录

缤纷多彩的裱花世界

近几年吹起的韩式裱花风潮，精致仿真的花型与优雅配色，引起许多烘焙爱好者的兴趣，甚至连从没做过烘焙的人，也跃跃欲试。其实"裱花"并非新的技术，早在数十年前，欧美便流行以打发鲜奶油裱花在蛋糕上做装饰，例如美国的烘焙品牌惠尔通（WILTON），或英国烘焙品牌PME等，都有开设鲜奶油裱花证照班，只是欧美的裱花，并不追求花朵形态的细腻，或是色调上的真实性，多为较圆润的造型和鲜艳的配色。

其实韩式裱花是由欧美裱花演变而来，当初是由一群热爱烘焙的韩国妈妈，将欧美开口较宽的花嘴，以手工方式敲打成开口较扁、较细薄的花嘴，让裱花者可以做出更薄透、更接近真实形态的花瓣，后来也衍生出许多形状特异的"韩式花嘴"，就是用来模拟多种不同的花瓣、花心与花蕊。

至于调色方面，韩国人以真实花朵的颜色作为参考，使用天然色粉调色，做出来的花朵色调，会比欧美使用色膏或色素做出来的颜色更为真实，这也是韩式裱花很少出现过分艳丽的颜色（例如荧光色），而是以真实花朵拥有的颜色为主的原因。

掌握了花型和调色后，接下来最重要的就是创作者的创意与设计，许多老师常会参考各种花束、插花的图片，再转化成作品，甚至世界名画的配色，也会成为作品颜色设计的参考。简单来说，韩式裱花就是集结了姿态、色调和设计于一身的"甜点艺术品"。

善用花嘴做出仿真花朵

花嘴的款式有上百种，加以如点、拉、推……各种手法，做出来的裱花就千变万化。在此介绍九款本书较常使用的花嘴，目的在于让大家对花嘴有基本的认识，但每个花嘴都有多种用途，不妨在操作中不断练习，也许能开发出自己的独家用法。

惠尔通2号

圆形花嘴，可以用来写字或画圆，在本书中多为制作绣球花、马蹄莲、小苍兰的花心之用，还用来裱金杖球。

惠尔通79号

开口有凹处，可以展现层次感，本书用来裱菊花和朝鲜蓟。

惠尔通352号

除了裱叶片之外，也可以用来裱绣球花，有多种功能。

惠尔通103号

与104花嘴一样，属于小型花嘴。可以仿真做出各式花瓣，本书用来裱苹果花、小雏菊和陆莲花。

惠尔通104号

通常被用来裱各式花朵的花瓣，还可逼真地呈现出皱褶等模样，在本书中被用来裱基础玫瑰、玫瑰花苞、蓝盆花、山茶，也可以裱玫瑰叶、羊耳叶。

韩国122号

花嘴开口向内凹，裱出的花瓣薄透且接近真实形态，本书用来裱小苍兰、芍药、牡丹等，很好地呈现出层次感。

手工玫瑰花嘴

花嘴开口非常扁，本书中用来裱桔梗、康乃馨等。

韩国125K

花嘴开口为扁长形，本书用来裱马蹄莲、银莲花、长形的弯叶子和藤蔓叶。

韩国126K

花嘴的开口比125K更扁更薄，尺寸也较大。以不同的手法就可创造不同的花型。

裱花食材

韩式裱花最常使用的原料分别为豆沙霜和奶油霜两种，使用不同材质裱出来的花，效果也不一样，豆沙霜裱花呈现雾面质感，奶油霜裱花质感则为亮面。另外操作时，豆沙霜受温度影响较少，奶油霜则需维持较低的温度，例如将冷气温度调低、或是戴手套操作。

在热量方面，奶油霜需要添加大量的奶油与糖来制作，豆沙霜烹煮时则不需要加入油脂类，因此整体热量会比奶油霜低。

豆沙霜

豆沙霜为了方便调色，都是用白色的白凤豆制作，白凤豆因为不是常用豆类，因此在一般超市并没有售卖，只能在传统的杂粮行或种子行购买。豆沙也可用红豆沙、绿豆沙、芋泥、马铃薯泥甚至南瓜泥、地瓜泥代替，不过制作出来的成品，会带有食材原本的颜色，不易调色，这点需要多加注意。

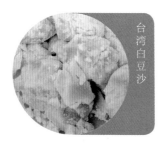
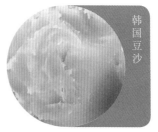

台湾白豆沙

韩国豆沙

另外，一般用来裱花的豆沙，又分为我国台湾地区白豆沙与韩国豆沙，我国台湾地区白豆沙裱花前需要另外加入鲜奶油、牛奶或水等液体做调整（书中用的是鲜奶油）。韩国豆沙由于是混合两种豆类制作，本身就具有黏稠度与延展性，因此买来就可以直接用，不需要再做调整。一般韩国老师用来裱花的豆沙，可分为春雪豆沙（软）和白玉豆沙（硬）两种。

制作白豆沙霜

制作时先将白凤豆浸泡一夜，隔天将豆子煮软、去豆壳、压成豆泥、挤干水分，再按照想要的甜度，加入砂糖用小火拌炒，完成后的豆沙冷藏可保存大约两周时间，冷冻可保存一至两个月。如果不想花时间煮豆沙，烘焙材料行都有现成白豆沙可供购买，但甜度方面无法调整。开封后的白豆沙，冷藏可保存两周左右，冷冻可保存一到两个月。

我国台湾地区白豆沙　　鲜奶油　　　　　　　　　　白豆沙霜

豆沙煮好后为块状，无法用来裱花，在使用前须加入动物鲜奶油，增加豆沙的黏稠度与延展性，鲜奶油可用牛奶或水代替，这样可以降低热量，但会使成品的外观与口感显得粗糙。已经加入鲜奶油调制好的豆沙霜必须冷藏保存，最好三天内使用完毕，以免变质。

豆沙裱花的运用

豆沙裱花的运用十分广泛，可用来装饰各式甜点，例如蛋糕、提拉米苏、果冻、慕斯蛋糕、饼干等，但因为豆沙本身已经有了甜度，所以若要使用裱花做装饰，底下的甜点制作时需酌量减糖，否则整体口味容易过甜。

另外若是用来装饰面粉类的蛋糕，建议使用蛋糕体较扎实的磅蛋糕，这样才能够支持裱花的重量，若是使用海绵、戚风或乳沫类的蛋糕，蛋糕体容易被裱花的重量压扁。裱花使用的原料，也会影响下面搭配甜点的选择，例如豆沙霜裱花就不适合搭配果冻和慕斯蛋糕，两者配在一起的口感，大多数人较难接受，磅蛋糕则是豆沙霜和奶油霜裱花皆可搭配。

裱花工具

花钉

所有花都是直接用豆沙裱在花钉上，此外花瓣的圆弧形状，也是靠左手转花钉形成的。建议初学者购买7号花钉即可，这是最常使用的。

刮板

方便将豆沙集中在裱花袋前端。

牙签

这是组合花朵的辅助工具，也可以用来蘸取色膏。

花座

花座多为木头制，也有亚克力制，要有些重量，这样花裱好放在上面才不会倒。

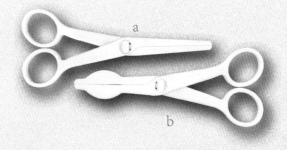

小汤匙

舀取色粉用，也可以用一般小汤匙来代替。

花剪

用来将花钉上的花移到其他地方，花剪可分为一般花剪和安全花剪（建议初学者购买）。

搅拌刮刀

可用汤匙或其他搅拌器具代替。

透明盖

防止碗内的豆沙干掉，可用保鲜膜代替。

花嘴

任何品牌皆可（常见的品牌包括惠尔通、三能、PME等），花嘴主要看开口形状和大小，例如同样是玫瑰花嘴，惠尔通编号为104，三能编号则为7028。本书主要使用惠尔通与韩国手工花嘴，花嘴品牌与号码，通常都写在花嘴侧面。

本书中皆是以花嘴开口形状俯瞰图来介绍所需的花嘴，另外也会注明花嘴号码，以利在购买时分辨型号。

裱花时花嘴需要使用的角度，则会以花嘴角度图来标明。

调色碗

建议找有把手的，较容易将豆沙拌匀，若找不到可用一般碗代替。

裱花袋

任何品牌皆可，建议购买中型裱花袋。裱花袋可分为抛弃式塑胶裱花袋和可重复使用的硅胶裱花袋。

调色

豆沙霜裱花追求仿真效果，调色越自然越好，豆沙霜可用色粉或色膏调色（本书皆使用天然色粉），建议无论是色粉或色膏，一定要有三原色（蓝色、黄色、红色），另外还可购买咖啡色和黑色，有了这些基本颜色，就可以调出其他所需的颜色。

色粉或水性色膏

天然色粉为蔬果或花朵研磨而成，水性色膏则包含多种化学物质。购买时，色粉粉末越细越好，这样比较容易在豆沙中调匀，若是色粉颗粒太粗或是产生结块，可先将色粉过筛再使用。

注意调色时下手要轻，不要一次加太多色粉，每次用小汤匙挖取约半匙色粉即可。若是使用色膏，则用牙签蘸取色膏，一点一点加深颜色，直到调至自己需要的颜色为止；若一次下太多色粉，颜色太深时，只能再加入未调色的豆沙，将颜色调淡。记得一旦汤匙或牙签碰到豆沙后，就不要再重复使用，避免造成色粉或色膏发霉。

青栀子粉	南瓜粉／浅黄	百年草粉／粉红	可可粉	竹炭粉
	地瓜粉／浅黄	甜菜根粉／桃红		黑色可可粉
	黄栀子粉／深黄	红曲粉／暗红		

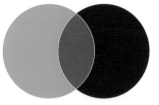
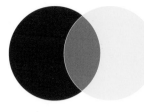
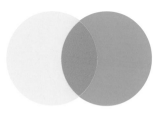

蓝色 + 红色 = 紫色　　　　红色 + 黄色 = 橘色　　　　黄色 + 蓝色 = 绿色

天然色粉的调色

天然色粉调出来的颜色较为柔美、复古，有人形容是干燥花色，但调不出彩度较高的荧光色。此外天然色粉因为是用蔬果制作，所以会带有蔬果本身的味道，若添加的分量较多，有时候豆沙吃起来就会有蔬果味。

色膏的调色

色膏调出来的颜色较为艳丽，可以调出荧光绿、荧光紫等颜色，且调色的过程也较容易，但不容易接近真实花朵的颜色。色膏无色无味，加多也不影响豆沙的味道与口感。

裱花前须知

开始裱花前，要先了解各种裱花工具的正确使用方式，才能用最少的力气，裱出最漂亮的花，帮自己的手省力。而且有时错误的使用方式，是造成花裱不好的元凶，因此正确使用工具，可以提高裱花的成功率。另外还要熟悉蛋糕组合的基本技巧，让裱好的花能装饰出漂亮的蛋糕。

工具的使用

花钉用法

拿花钉时，以食指和大拇指捏住花钉，其他手指只是辅助，轻轻靠住花钉即可，转动时以大拇指和食指控制方向，记得大拇指要打横，这样能够转动较多的圈数。

剪裱花袋与装花嘴

裱花袋水平剪即可，洞口的大小只要足够让花嘴开口露出来就好，不要一次剪太大。要确定花嘴的开口部分，完全露出来，如果开口部分没有完全露出来，裱花时豆沙会被袋子挡住，没办法表现花嘴的形状。

装豆沙

用刮刀挖取所需豆沙后（约一个拳头的量），直接塞到裱花袋最前面，然后一手隔着袋子抓住刮刀，另一手将刮刀往外抽，让豆沙留在袋子里。

使用刮板

右手拿着刮板挡在豆沙后方，接着用左手抓住袋子，再把袋子往自己的方向抽，就可以把豆沙集中到袋子前方。

套裱花袋

准备两个裱花袋，将袋子分为内袋和外袋，内袋装豆沙，外袋装花嘴，使用时将内袋装入外袋中，若需要换色或换花嘴，只要将内袋抽出即可更换。

裱花袋拿法

A   B

拿裱花袋时务必将袋子后方攥紧（A），然后用手掌整个握住裱花袋，再将多余的塑胶袋缠绕在指头上（B）。裱花时尽量维持袋子是紧绷状态，这样会让手更省力，因此记得随时确认裱花袋的状态。

花剪用法

剪取花朵时花剪打开，平贴花钉表面，插入花座底部，注意从上方一定要看到花剪最尖端处，接着花剪剪一半，不要完全将花剪闭合，此时轻转花钉并往外推，即可顺利将花朵取下。

如何放花

剪下来的花可先放置于干净的盘子、板子或任何平面上。放花时让花剪平贴板子，剪刀维持微开状态，轻轻往下压并往外抽，花朵就会留在板子上。若花朵无法留在板子上，可以拿一根牙签，挡在花的后面，再将剪刀抽出。

如何在杯子蛋糕上组合花朵

学完裱花之后，再来将这些美丽花朵在蛋糕上组合，将原本平凡无奇的蛋糕，变成精致的艺术品，但在开始之前，要先了解组合基础技巧，这样在组合花朵时才不容易失败。此外，建议从杯子蛋糕开始练习组合花朵，等到熟悉组合技巧后，组合大蛋糕就会更容易。

基本技巧

杯子蛋糕修型

蛋糕有时候烤出来表面会不平整，此时可以拿刀子将蛋糕表面切平，切到和杯子蛋糕边缘一样高。

裱底座

在蛋糕表面挤上适量豆沙，作为底座，也有黏着剂功能，让花朵固定在蛋糕上。较常使用的底座有两种，一种是上单朵花时的平面底座，挤的时候将裱花袋紧贴蛋糕表面，挤出一点豆沙后，压成一个扁平的圆形即可。

另一种则是在蛋糕上组合多朵花时，需要的金字塔型底座，裱底座时将裱花袋紧贴蛋糕外围，先挤一点豆沙出来，接着边挤边往中间绕圈，挤出金字塔型底座，注意底座不要挤得太高，不然花朵放上去之后，很容易掉下来。

拿取花朵

使用花剪时，要确定剪刀往前伸到最前面，能够托住整个花朵的底部，否则有时候剪刀一往上抬，花朵会从剪刀前端掉下去。

修剪花座

花座若太高需要剪掉，若保留过多花座，会提高整个蛋糕重心，花可能会在组装或运送过程中掉下来。修剪花座以不破坏花瓣为原则，尽可能将多余的花座修剪掉，花剪这时要当成真的剪刀用，因此要确实将花剪伸到最前面，把花座整个剪断，如果伸得不够前面，花座会发生剪不断或剪不平的情况。

使用牙签

左手拿牙签挡在花朵与蛋糕的中间，接着右手将剪刀抽出，花朵就会留在蛋糕上，注意是将花剪抽出，而不是用牙签去推花，不然有时候花朵会被牙签推变形。

牙签也可作为调整花朵位置的工具，记住：所有调整的动作都要从花朵底部或侧面进行，如果留下牙签痕迹，可以挤上叶子遮盖。

裱花基础篇

列在基础篇中的花型，裱花步骤重复性较高，花嘴运用的方式也较单纯，非常适合用来练习左手转花钉、右手裱豆沙的协调性与稳定度，并更快熟悉花嘴的使用等，只要先把这些基本技巧练好，后面学中级和高级的花型，就会更容易，也因此这里的篇幅会比较多地讲解花嘴的角度，以及花型的基本概念。

基础玫瑰

玫瑰是每次教授基础课程时，学生觉得最难的花之一，因为虽然挤玫瑰的步骤重复性很高，不过要同时注意的事情比较多，因此刚开始都会觉得比较困难，但这也是课程结束后，大家最有成就感的花之一。

花嘴

惠尔通104号

调色

百年草花粉 ／ 花瓣

裱花步骤

花座

❶ 将裱花袋内袋垂直贴紧花钉，先挤出一些豆沙，然后慢慢地把手往上拉，挤出一个圆锥体，约为两个食指指节高，完成花座。

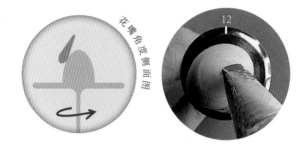

花心

❷ 裱花心时，花嘴较宽那端，在12点钟方向靠着花座的顶端，较窄那端向中心倾斜45度，此时较窄那端会呈现有些悬空的状态。

❸ 右手一边挤，左手一边逆时针转花钉，挤出豆沙像缎带一样包覆住花座尖端，留下一个小小的开口，就完成花心了。

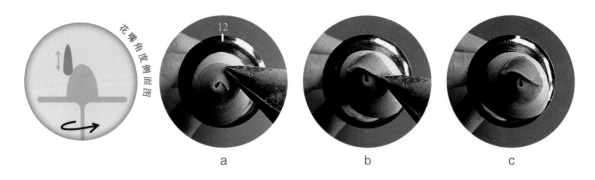

第一片花瓣

❹ 花嘴较宽那头垂直靠在花座的12点钟方向，较窄那端保持朝上（a），挤豆沙时，右手维持在原点由下往上、再往下的动作，左手同时逆时针转花钉（b）。完成第一瓣，此时花瓣应是直立的状态（c）。

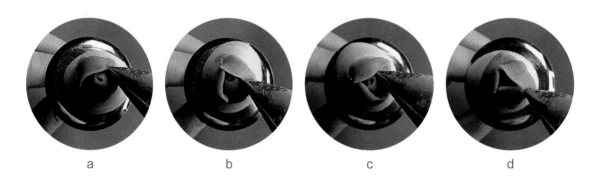

第二、三片花瓣

❺ 第二片花瓣花嘴开始点，在第一片花瓣结束的地方（a），但不会和第一片花瓣重叠，接着重复步骤❹两次，裱出剩下两片花瓣（b、c），玫瑰花一圈总共有三瓣（d）。

完成第一圈三片花瓣

❻ 完成第一圈三片花瓣，都要比花心略高，如果花心露出来，玫瑰花看起来会比较不秀气，另外每片花瓣侧面看起来要是拱形，且彼此相接但不重叠。

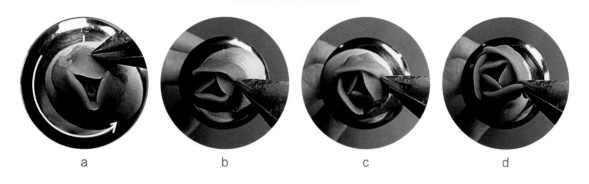

第二、三圈花瓣

❼ 为了让玫瑰看起来自然，第二圈首片花瓣起点，要在前一圈的任一片花瓣中间（a），让每一圈是交错的三角形。重复步骤❹两次。再按照同样的步骤（b、c），完成第三圈花瓣（d）。

第四圈花瓣

❽ 第四圈开始，将花嘴较窄那端微微向外倾斜15度，注意花嘴要确定靠到花座，否则裱花瓣的时候，花瓣粘不住花座，会一直掉下来。

❾ 挤豆沙时，右手同样要做到在原点由下往上、再往下的动作，左手一边逆时针转花钉，可以制造开花的感觉，让花的姿态更真实、更有层次。

扩张花朵

❿ 重复步骤❾把玫瑰慢慢加大，直至玫瑰达到所需要的大小，记得随着圈数增加，花嘴的起始点也要慢慢降低。若是要在杯子蛋糕上放单朵玫瑰做装饰，则须将玫瑰加大到和杯子蛋糕面积一样大。

🖐 小诀窍

若是从12点钟方向不顺手，可改从6点钟方向开始裱，花钉变成顺时针转，对初学者来说会比较容易。基本上所有直立型的花朵，都可以改成从6点钟方向开始裱，大家可以试试。

常见 ❗ 错误

① 花心突出

玫瑰花的前三圈花瓣，侧面目视要一样高，而且三圈都要高过花心，尤其是第一圈的花瓣，才不会让花朵看起来很不秀气。

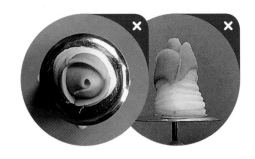

② 花瓣太开

花嘴较窄那头，从一开始就太倒向外面，会让花看起来是开过头要凋谢的状态，记得开始裱花前要把花嘴角度抓对。

③ 花像竹笋

说明每一圈花瓣的高度和前一圈差距过大，记得花瓣前三圈要一样高，随着开花的效果，花瓣的高度才会慢慢地降低。

④ 外面几圈花瓣粘在一起

后面几圈手拉得太高，变成外圈的花瓣比内圈的花瓣还高，才会导致后面花瓣都粘在一起，记得随着圈数增加，花嘴起始点要慢慢降低。

玫瑰花苞

花朵迷人之处，在于每个阶段都有不同的美，含苞待放、初绽放、盛开、凋谢等，都有各自的魅力，如果能够将不同姿态的花，组合起来在同一个蛋糕上，会让蛋糕看起来更多变，更自然。

花嘴	调色
惠尔通104号	甜菜根粉 + 可可粉 ／ 花瓣

裱花步骤

花座

❶ 将裱花袋内袋垂直贴紧花钉，先挤出一些豆沙，然后慢慢地把手往上拉，挤出一个圆锥体，约为两个食指指节，完成花座。

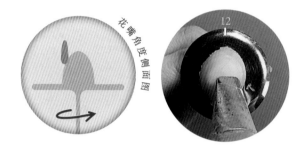

花心

❷ 裱花心时，花嘴较宽那端，在12点钟方向靠着花座的顶端，较窄那端向中心倾斜45度，此时较窄那端会呈现有些悬空的状态。

❸ 右手一边挤，左手一边逆时针转花钉，挤出来的豆沙会像缎带一样包覆住花座尖端，留下一个小小的开口，就完成花心了。

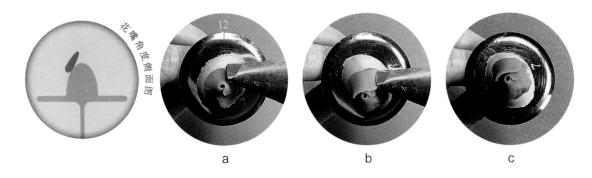

第一片花瓣

❹ 花嘴较宽那端，轻靠在花座12点钟方向，较窄那端向花心倾斜30度（a），挤豆沙时，右手在原点由下往上、再往下的动作，左手同时逆时针转花钉（b）。完成第一片花瓣，此时花瓣应该是向花心倾倒的角度（c）。

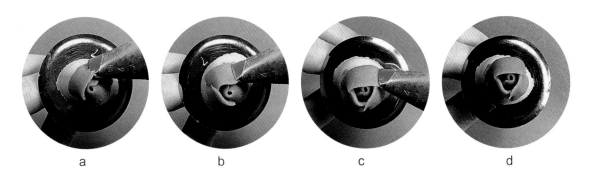

第二、三片花瓣

❺ 第二片花瓣，花嘴的开始点在第一片花瓣结束的地方（a），重复步骤❹（b）两次，一圈总共要有三瓣（c）。完成第一圈，要比花心略高（d），记得每一片花瓣彼此相接但不重叠。

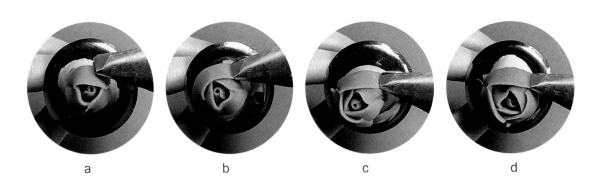

第二圈花瓣

❻ 为了让玫瑰看起来自然，第二圈首片花瓣起始点，要在前一圈花瓣的中间（a），这样挤出来的花瓣，才会每一圈都是交错的三角形（b~d）。

扩张花朵

❼ 重复步骤❹直到花苞达到所需大小，记得花苞的大小，一定要比基础玫瑰小，这样一起放在蛋糕上，整体比例才会正确。

常见 ! 错误

① 花瓣太开

花嘴较窄那头从一开始就向外倒，让花看起来像开过头，记得裱花苞时，花嘴较窄那头要向花心倒，而不是往外。

② 花瓣太过直立

花嘴较窄那头，没有向中心倾斜30度，这样的花看起来就像一般玫瑰，而不像花苞了，记得开始裱花前要把花嘴角度抓对。

卷边小玫瑰

卷边小玫瑰和基础玫瑰裱法几乎相同，不过因为整体较小，所以感觉会比较简单。此外，因为使用的是97号花嘴，所以花瓣顶端会有微微往外翻的效果，和使用一般玫瑰花嘴裱出来的小玫瑰不太一样。

花嘴

惠尔通97号

调色

甜菜根粉 ／ 花瓣

裱花步骤

花座

❶ 将裱花袋内袋垂直贴紧花钉，先挤出一些豆沙，然后慢慢地把手往上拉，裱出一个小的圆锥体，约为一个食指指节，完成花座。

花心

❷ 裱花心时，花嘴较宽那端，在12点钟方向靠着花座的顶端，较窄那端向中心倾斜45度，此时较窄那端会呈现有些悬空的状态。

❸ 右手一边裱，左手一边逆时针转花钉，挤出来的豆沙像缎带一样包覆住花座尖端，留下一个小小的开口，就完成花心了。

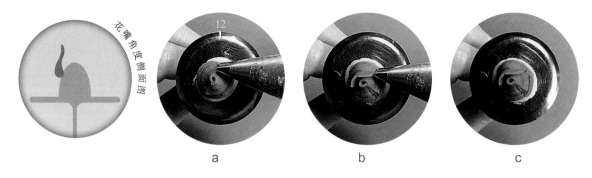

第一片花瓣

❹ 接着将花嘴较宽那头，垂直靠在花座12点钟方向，较窄那端朝上（a），挤豆沙时，右手维持在原点由下往上、再往下的动作，左手同时逆时针转花钉（b）。完成第一瓣，此时花瓣应是直立的状态（c）。

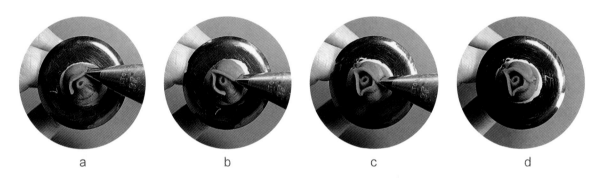

第二、三片花瓣

❺ 第二片花瓣，花嘴的开始点在第一片花瓣结束的地方（a），重复步骤❹（b）两次，一圈总共要有三瓣（c）。完成第一圈三片花瓣，都要比花心略高（d），如果花心露出来，卷边小玫瑰看起来会比较不秀气，另外每片花瓣侧面看起来要是拱形，且彼此相接但不重叠。

第二圈花瓣

❻ 为了让卷边小玫瑰的花型看起来自然，第二圈首片花瓣起始点，要在前一圈花瓣的中间（a），让两圈的花瓣是交错的三角形（b~d）。

❼ 重复步骤❹两次，卷边小玫瑰总共三圈，三圈都要一样高。卷边小玫瑰是属于花苞的状态，因此不需要像大玫瑰做开花的步骤，三圈的花瓣都要是直立的。

常见 ❗ 错误

① 花心突出
玫瑰花的前三圈花瓣，侧面目视要一样高，而且三圈都要高过花心，尤其是第一圈的花瓣，这样才不会让花朵看起来很不秀气。

② 花瓣太开
花嘴角度一开始就太往外倒，导致花瓣会像开过了头的，记得开始裱花前要把花嘴角度抓对，花嘴的角度要垂直朝上。

苹果花

别看苹果花小小一朵好像不起眼，放在大蛋糕上会有画龙点睛的效果，而且一大群苹果花放在一起，做成杯子蛋糕，呈现效果绝佳！

花嘴

惠尔通103号

惠尔通2号

调色

青栀子粉 + 百年草花粉 ／ 花瓣

裱花步骤

花嘴角度侧面图

花座

❶ 将103花嘴侧面平贴在花钉上，较宽那端朝向自己，靠在花钉圆心，较窄那端朝向外围，右手一边裱，左手将花钉以逆时针的方向旋转，总共要转两圈。

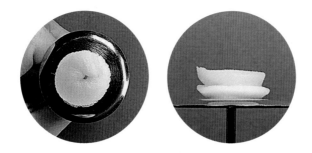

❷ 制作出两个重叠的圆形，就是花座，记得花座的厚度要够，这样最后要剪下苹果花时，会比较容易操作。

花嘴角度侧面图

第一片花瓣

❸ 在花座上先找出圆心，右手将花嘴较宽那端朝向自己，轻轻压在圆心上，较窄那端朝着外围并微微上翘15度。

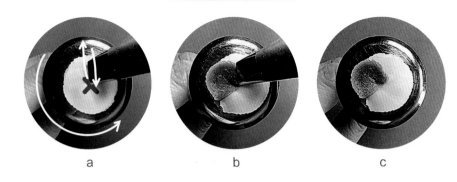

a   b   c

❹ 裱花瓣时，花嘴从圆心朝着12点钟方向轻轻推出去（a），再沿同一直线拉回到圆心（b），左手同时逆时针旋转花钉，完成第一片花瓣（c）。

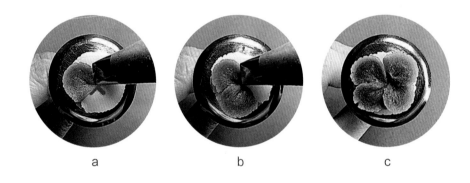

a   b   c

❺ 裱第二片花瓣时，花嘴较宽那端轻轻靠在同一个圆心（a），花嘴较窄那端，要放得比第一片花瓣低（b），然后重复步骤❹动作三次，完成四片花瓣（c）。

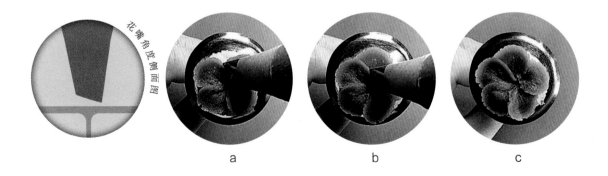

a   b   c

❻ 要裱第五片花瓣时，为了避免压到已经做好的第一片花瓣，要把花嘴整个直立（a），同样，较宽那端朝向自己靠在圆心（b），较窄那端朝着外围，然后从圆心往外推，再拉回圆心，完成第五片花瓣（c）。

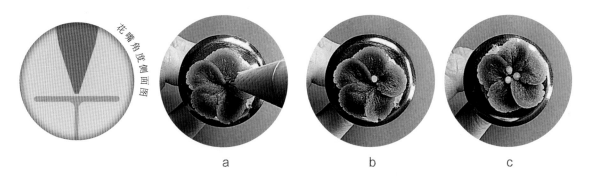

花嘴角度侧面图

a　　　　　　　b　　　　　　　c

❼ 将2号花嘴直立（a），用未调色豆沙，在靠近圆心的地方，裱出三个圆点就是花心（b），记得裱的时候，轻轻碰到花瓣即可，不要压得太用力，三个圆点越靠近圆心（c），越有集中视觉的效果，能矫正花心不准的问题。

常见 ❗ 错误

① 花心不准

裱花瓣时，花嘴都没有点在同一个圆心，这样裱出来的花看起来有点在旋转的感觉，不过这可以靠裱上花心补救，记得花心的三点越靠近中心，越可以弥补花瓣圆心不准的问题。

② 花瓣中间有洞

右手往外推得太多或是左手没有转花钉，才会导致花瓣中间出现一个洞，记得苹果花是尺寸较小、较秀气的花，所以手往前推的幅度不用太大，只要可以做出花瓣的圆弧即可。

小雏菊

路边常见的小雏菊，最适合做成裱花放在大蛋糕上做配花，填补主花间的空隙，不过因为花瓣常用未调色豆沙制作（这里为了方便示范，所以用青栀子调色），所以要让小雏菊看起来有层次的诀窍，就是要使用黄色和绿色来做花心。

花嘴

惠尔通103号

惠尔通23号

调色

青栀子粉 ／
花瓣

青栀子粉+
黄栀子粉 ／
花心

黄栀子粉 ／
花心

裱花步骤

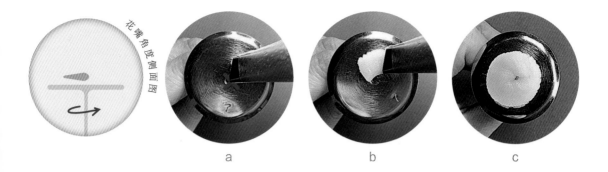

a   b   c

花座

❶ 103花嘴侧面平贴在花钉上，较宽那端朝向自己，靠在花钉的圆心（a），较窄那端朝向外围，一边用右手挤（b），一边用左手将花钉以逆时针的方向旋转，总共要转两圈（c）。

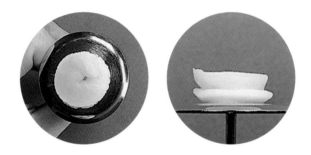

❷ 制作出两个重叠的圆形，就是花座，记得花座的厚度要够，等一下用花剪将小雏菊剪下来时，会比较容易。

第一片花瓣

❸ 花嘴侧面平贴在花座上，花嘴较宽那端朝向自己，在12点钟方向靠在圆形花座的外围，接着右手一边挤、左手一边逆时针转花钉。

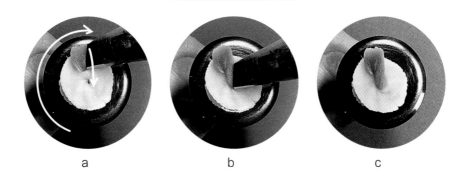

a   b   c

❹ 裱出一小段花瓣之后（a），左手停止转花钉，右手边裱边将花嘴沿直线往至圆心（b），完成的花瓣从正上方看起来，像是阿拉伯数字7（c）。

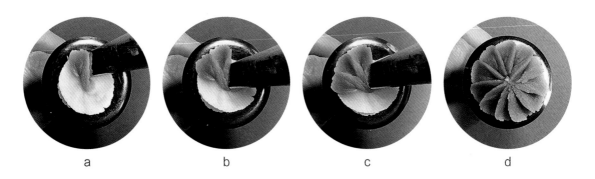

a   b   c   d

完成一整圈花瓣

❺ 裱第二片花瓣时，花嘴较宽那端一样平贴在圆形花座的外围，不过花嘴要放在第一片花瓣后面（a），接着重复步骤❸和❹，直到完成一整圈花瓣（b~d），记得每一次花嘴都要拉回至同一个圆心。

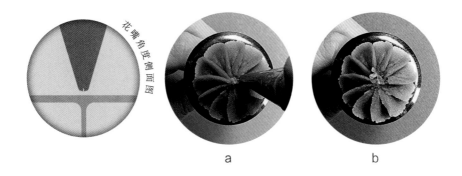

花嘴角度侧面图

a   b

第一个花心

❻ 23号花嘴直立靠在花心上（a），用混合好的黄色和绿色豆沙，挤出一点豆沙后，再轻轻往花心压一下，切断豆沙，这样就完成第一个花心（b）。

a b c

完成花心

❼ 花嘴用同样的角度，直接压在第一个花心的三分之一处（a），一样先挤一些豆沙，再轻轻往下压，完成第二个花心（b），接着重复这个步骤，直至花心是一个完整的圆形（c），这里要注意，花心的范围不要褙得太大，否则会让小雏菊比例看起来不协调。

常见 ❗ 错误

① 所有花瓣糊在一起

褙第二片花瓣时，记得花嘴位置要在第一片花瓣的后面，而不是上方，不然新褙出来的花瓣会直接盖住前一片花瓣，做不出花瓣的层次。

② 花瓣直立

花嘴沿直线拉回圆心时，如果右手停止挤豆沙，就会把褙好的花瓣拉扯到站立起来，花瓣就不会看起来像阿拉伯数字7，记得右手往圆心拉时，仍要持续挤豆沙的动作。

绣球花

色彩琳琅满目、造型圆润的绣球花，受到不少女性喜爱，也因为这两个特性，在制作裱花蛋糕时，若能适时以绣球花点缀，能够大幅提升蛋糕的精致度与完美度。

花嘴

惠尔通352号

惠尔通2号

调色

青栀子粉 ／
花瓣

南瓜粉／
花瓣

裱花步骤

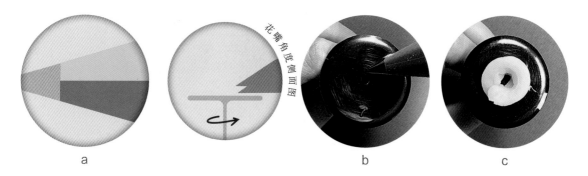

a   b   c

花座

❶ 将黄色和蓝色豆沙，依照图示装入裱花袋内（a），再装上352号花嘴，接着把花嘴凹口朝着水平两侧，其中一个尖角靠在花钉上，另一个尖角悬空（b），然后右手挤，左手同时逆时针转动花钉，制作花座（c）。

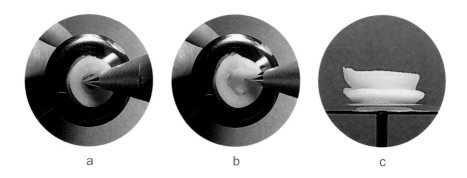

a   b   c

❷ 制作两个重叠的圆形（a），再挤一些豆沙把中间的洞补起来（b），才算完成花座（c）。记得花座的厚度要够，最后在剪取花朵时会更容易。

第一片花瓣

❸ 裱花瓣时，352号花嘴凹口朝着水平两侧，其中一个尖角靠在花座中心3点钟方向，另一个尖角呈现悬空状态。

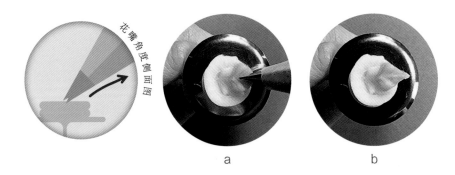

❹ 右手先挤一点豆沙，形成一个底座后，再轻轻从中间往右上方拉（a），到花瓣呈现菱形后，快速地往外抽，就完成第一片花瓣了（b），注意左手花钉不用转。

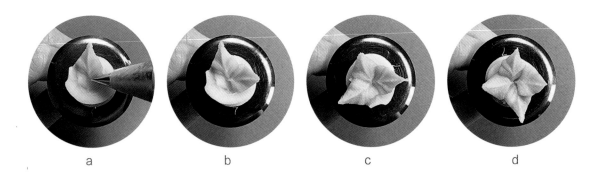

第二至第四片花瓣

❺ 将完成的花瓣转至12点钟方向，接着花嘴放在同一个圆心（a），但位置是在第一片花瓣的上方，然后重复步骤❸和❹（b、c）共三次，完成绣球花四片花瓣（d），这时整个花形看起来是一个大的菱形。

花心

❻ 将2号花嘴直立（a），用未调色的豆沙，在正中心的地方裱出一个圆点，就是花心（b），花心不要裱得太大（c），否则会让绣球花比例看起来很怪异。

小诀窍

可以随时调整花嘴的角度，这样会让花瓣有不同的渐变颜色。

常见 ! 错误

① 花瓣过长

裱花瓣时右手太急着往外拉会造成花瓣过长，记得先在中心停留一下，这样才能制造出三角形的花瓣。

② 四瓣裱完还有很多空位

四个花瓣的位置或大小没有分配好，记得每个花瓣要刚好占花座的1/4，每次裱花瓣之前，要将前一个花瓣转到正上方。

③ 花心旁的空隙太多

花瓣开始的点离中心太远，导致中间的洞太大，裱上花心也补不满。

菊花

很多人都不知道，菊花除了代表长寿和吉祥外，花语还有"我爱你"的意思，含意非常浪漫，甚至在《浮士德》剧中，也出现少女手拿菊花，一边拔花瓣，一边问着"他爱我？""他不爱我？"，直到拔光所有花瓣，借此来占卜爱情。

花嘴

惠尔通79号

调色

青栀子粉＋南瓜粉 ／ 花瓣

裱花步骤

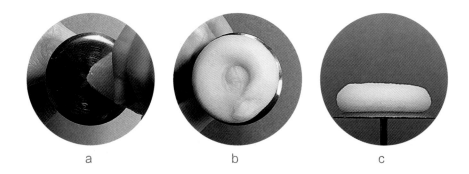

花座

❶ 将裱花袋内袋垂直贴着花钉中心（a），右手一边挤豆沙，一边从中心往外画圈（b），裱出约一个食指指节厚的圆形平台（c），就是花座。

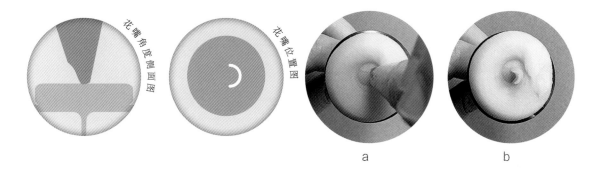

第一片花心

❷ 裱花心时，81号花嘴垂直贴着花座中心（a），凹口处面向左边，右手边挤豆沙边垂直往上拉，左手维持不动，裱出一片高约0.5厘米的花瓣（b），完成第一片花心。

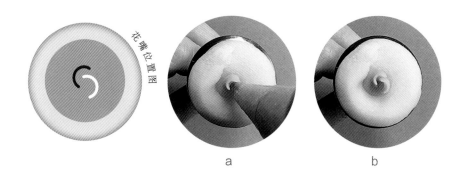

第二片花心

❸ 将第一片花心转至开口朝向右下，将花嘴插在开口处，重复步骤❷（a），完成第二片花心（b）。

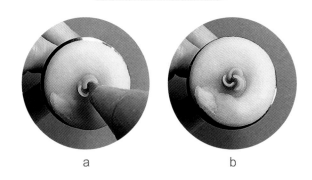

第三片花心

❹ 再将第二片花心转至开口朝向右下，同样将花嘴插在开口处（a），再重复步骤❷，完成第三片花心（b）。

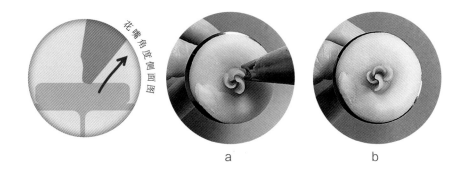

第一片花瓣

❺ 菊花的外围花瓣会与花心呈现交错，因此裱花瓣时，花嘴必须放置在两片花心交错处，花嘴直立并向外倾斜15度，凹口处朝着左边（a），边挤豆沙边往上拉，完成第一片花瓣（b）。

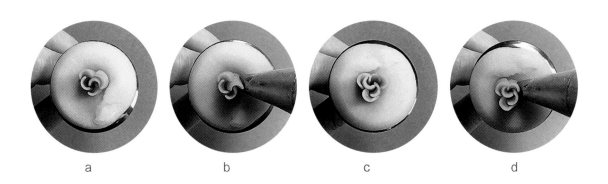

完成第一圈花瓣

❻ 重复步骤❺（a、b）两次，完成第一圈花瓣（c），此时所有花瓣都应与花心呈现交错状态（d）。

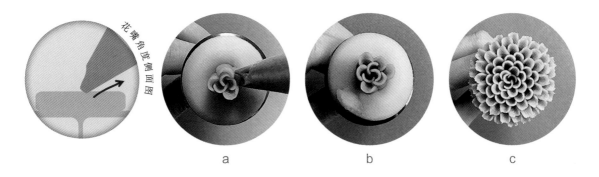

a b c

扩张花朵

❼ 第三圈开始，花嘴直立向外倾斜45度（a），重复步骤❺三次，完成第二圈花瓣（b）。接着重复这个步骤，慢慢把花加大至需要的大小（c），记得后一圈花瓣都要与前一圈花瓣交错。

常见 ❗ 错误

① 花心没有交错

裱完第一片花心后，记得把第一片花心开口转向右下方，并将花嘴插在凹口处。

② 花瓣排列过于整齐

记得从第二圈开始，新花瓣都要与前一圈花瓣交错，因此要确实将花嘴放在花瓣交界处。

蓝盆花

蓝盆花又称为松虫草或轮锋菊，花体本身由许多小花所组成，不过一般来说，制作基础型蓝盆花时，会以一片花瓣来代表一朵小花，所以整体花型会比较大，因此通常都会直接裱在杯子蛋糕上，盖住蛋糕体，漂亮又大气。

花嘴

惠尔通104号

惠尔通2号

调色

青栀子粉 ／ 花瓣

裱花步骤

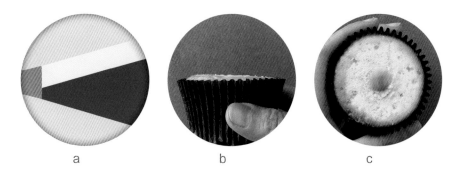

a   b   c

标记蛋糕圆心

❶ 将蓝色和白色豆沙，依照图示装入裱花袋内（a）。104号花嘴较窄那端对着白色豆沙部分。将杯子蛋糕顶端切平（b），然后用104号花嘴在蛋糕中心点挤出一小段豆沙当圆心（c），之后每片花瓣都要从这个点出发，并回到这个点。

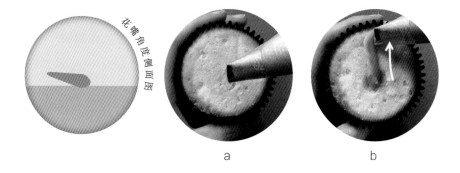

a   b

第一片花瓣

❷ 104号花嘴较宽那端轻轻靠在圆心上（a），较窄那端朝向外围，并微微向上翘15度（b），接着右手一边裱，一边从圆心垂直往杯子蛋糕边缘推。

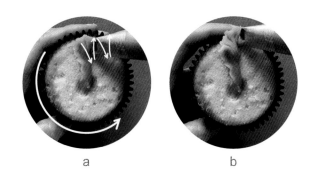

a   b

❸ 花嘴往前推至快碰到杯子蛋糕边缘前，右手开始边裱边轻轻前后移动（a），制造出花瓣的皱褶，左手逆时针轻转杯子蛋糕，让花瓣圆起来（b）。

a　　　　　　　　b　　　　　　　　c

❹ 确定花瓣碰到杯子边缘后，右手开始往圆心拉回来（a），此时一样要前后轻轻移动（b），但左手不用转杯子蛋糕（c）。

a　　　　　　　　b　　　　　　　　c

完成第一圈花瓣

❺ 第二片花瓣也必须从同一个圆心开始，但花嘴必须落在第一个花瓣的下方（a），重复步骤❸和❹，直到在杯子蛋糕上裱出第一圈花瓣（b、c），记得每片花瓣都必须在前一片花瓣的下面，除了最后一瓣会略为压在第一片花瓣上，整个蛋糕从正上方看是圆形的。

a　　　　　　　　b　　　　　　　　c

完成第二圈花瓣

❻ 第二圈花瓣要和第一圈交错，而且要比第一圈短，所以花嘴开始的点要在前一圈的两片花瓣中间（a），接着重复步骤❸和❹（b），完成第二圈花瓣（c），注意花瓣要裱得比第一圈的短。

a   b   c

❼ 继续重复步骤❸和❹，完成第三圈花瓣（a,b），第三圈花瓣也要比第二圈更短（c），这样整个蛋糕看起来才会层次非常分明。

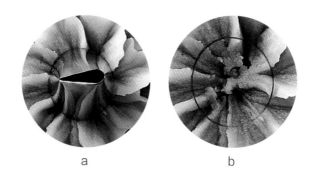

a   b

花心定位

❽ 用104号花嘴的反面，在花的正中间轻轻压出一个圆（a），做出花心的范围（b），花心都要挤在这个范围内，才会比较圆。

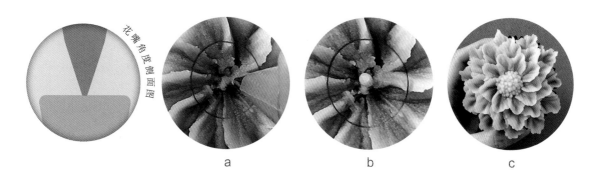

a   b   c

花心

❾ 将2号花嘴直立（a），用未调色的豆沙，在这个范围内裱满一颗一颗圆点，就是花心（b），记得每颗花心都要接在一起，中间不要有空隙（c），否则看起来会很像花"秃头"了，此外，为了要让花心更有立体感，记得中间的花心要多裱几层垫高。

基础叶子

千万别小看叶子，叶子就像女生的化妆品，能够化腐朽为神奇，除了填补空隙、遮掩缺点，还可以增加立体感，让蛋糕看起来更完美。

花嘴

惠尔通352号

调色

青栀子粉 + 黄栀子粉

裱花步骤

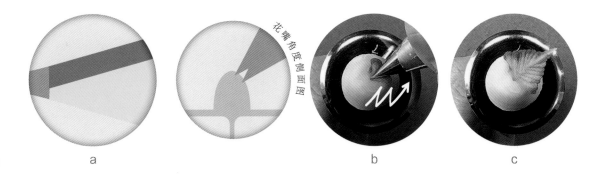

花嘴角度侧面图

a   b   c

叶脉

❶ 绿色和黄色豆沙，依照图示比例装入裱花袋内（a）。将352号花嘴凹口朝着水平两侧，右手先挤出一些豆沙，形成一个小三角形。接着右手边裱边快速地前后来回移动，制作叶脉（b）。裱到所需的叶片长度后，右手停止施力再快速往外抽，制造尖尖的叶尾（c）。

花嘴角度侧面图

❷ 若要裱出直立的叶子，则需要花嘴凹口处朝着上下两侧。

常见 ❗ 错误

叶尾过长

记得右手要先停止施力再往外抽，这样才不会造成叶尾特别长。

玫瑰杯子蛋糕

组合步骤

❶ 将蛋糕切到与杯子蛋糕边缘一样平,然后用豆沙裱出一个平面底座型,注意底座不要裱得太高,否则花看起来会像浮在半空中。

❷ 用花剪将玫瑰放在蛋糕正中心，用牙签挡住花朵，再将花剪抽出，让花留在蛋糕上，记得是将花剪抽出，而不是用牙签推花朵，因为用牙签推花朵有时会造成花朵变形。

❸ 如果有需要，用牙签从底下或旁边调整花朵位置，绝对不要从花朵的正上方做调整，否则花瓣很容易被牙签破坏，或是留下调整过的痕迹。

❹ 在花朵底下裱叶子，可只挤两片做装饰，或是裱一圈盖住杯子蛋糕边缘，但注意叶子不要拉得太长，否则会破坏整体比例（叶子裱法请参考第52～53页）。

❺ 完成的杯子蛋糕，这里只裱两片叶子的装饰方式会稍微露出杯子蛋糕表面，如果不想露出蛋糕表面，可以将叶子裱满，或是预先在杯子蛋糕表面，抹上一层白豆沙遮盖。

 还可以这样做

裱好的菊花，因为尺寸也属于较大的花，也可拿来做单颗杯子蛋糕，做法只要重复步骤❶～❹，就可完成菊花杯子蛋糕。

卷边小玫瑰花束杯子蛋糕

组合步骤

❶ 将蛋糕切平，裱上豆沙底座，侧面看是金字塔型。

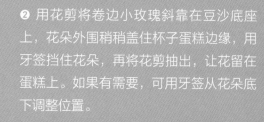

❷ 用花剪将卷边小玫瑰斜靠在豆沙底座上，花朵外围稍稍盖住杯子蛋糕边缘，用牙签挡住花朵，再将花剪抽出，让花留在蛋糕上。如果有需要，可用牙签从花朵底下调整位置。

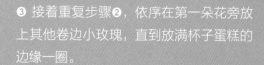

❸ 接着重复步骤❷，依序在第一朵花旁放上其他卷边小玫瑰，直到放满杯子蛋糕的边缘一圈。

❹ 将中间空隙补上适量豆沙，记得豆沙不要裱太多，否则会让中间的花朵显得太高。接着用花剪将花朵斜放在空隙上，此时花剪的角度必须是斜的，才不会压到其他花朵，接着用牙签轻推花朵，并将花剪斜着抽出来。

❺ 在空隙处补上叶子，大空间补大叶子，小空间补小叶子（叶子裱法请参考第52～53页）。

🖐 还可以这样做
体积较小、数量较多的小雏菊、苹果花、绣球花也可做成多颗花朵杯子蛋糕，每个杯子蛋糕可放六到七朵裱花，会因裱花大小而有所不同，花越小放上去的数量就越多。做法只要重复步骤❶～❺，就可完成多颗花朵杯子蛋糕。

玫瑰捧花杯子蛋糕

组合步骤

❶ 将蛋糕切平，裱上豆沙底座，侧面看是金字塔型。

❷ 用花剪先将小朵的基础玫瑰斜靠在豆沙底座上，花朵外围稍稍盖住杯子蛋糕边缘，用牙签挡住花朵，再将花剪抽出，让花留在蛋糕上。如果有需要，可用牙签从花朵底下调整位置。

❸ 接着重复步骤❷，依序在基础玫瑰旁放上玫瑰花苞，每朵花中间留下些许空隙，直到花朵放满杯子蛋糕边缘。

❹ 用352号花嘴在空隙处补上叶子，记得中央空隙较大处，须补上大叶子，或可用两片小叶子填补，叶子大小以不盖住花朵为原则，蛋糕周围的空隙，则补上小叶子，注意叶子长度不要太长，否则会破坏整体比例（叶子裱法请参考第52～53页）。

 还可以这样做

体积相似的小朵裱花，如卷边小玫瑰和苹果花、玫瑰花苞和绣球等，都可以放在一起搭配，会让杯子蛋糕看起来灵活多变，每个杯子蛋糕可放六到七朵裱花，会因个人裱花的大小而有所不同。做法只要重复步骤❶～❺，就可完成混合花朵杯子蛋糕。

裱花中级篇

有了基础篇的知识与技巧后，再来学变化性较高的花型，这里裱花的动作不再只是高度重复，而会加上一些摇、推、切和拉的动作，再配合左手转花钉，可以制作更多样化且华丽的花瓣，也会让花瓣看起来更自然生动。

金杖球

这几年干燥花再度流行，其中常常被拿来当配花的"金杖球"，因为抢眼的颜色、圆滚滚的造型，加上很正向的花语"希望"，受到不少人喜爱。裱好的金杖球，也是填补蛋糕空隙的好帮手，常常被用来替代叶子。

花嘴	调色

惠尔通2号

黄栀子粉 + 可可粉 ／ 花瓣

裱花步骤

花座

❶ 裱出约一个食指指节高的圆球体,完成花座,记得花座高度一定要够,不然裱出来的金杖球也会扁扁的,不够圆润可爱。

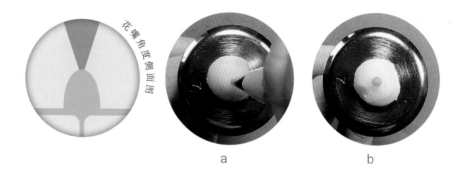

花嘴角度侧面图

a   b

第一个圆球

❷ 将花嘴直立贴在花座中心(a),然后一边裱一边慢慢往上,裱到需要的大小后,右手先停止施力,然后轻轻画圈,可避免圆球尾端出现尖角。完成第一个小圆球(b)。

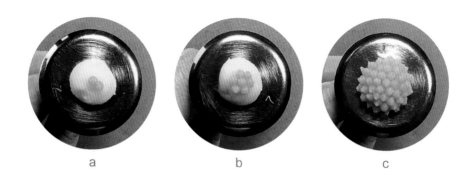

a   b   c

扩张花朵

❸ 第二个小圆球,需要紧靠第一个小圆球(a),之后以此类推。慢慢将金杖球加大到所需的大小,注意每颗球体必须靠在一起(b),才能将花座遮住(c)。

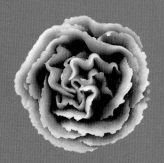

康乃馨

最能代表母亲节的花，非康乃馨莫属，每次看到花市摆满各色康乃馨，就知道母亲节快到了。如果能在母亲节，亲手为妈妈做个康乃馨蛋糕，相信会是意义非凡的母亲节礼物。

花嘴

韩国手工玫瑰花嘴

调色

百年草粉 + 可可粉 ／ 花瓣

裱花步骤

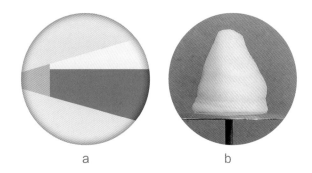

a　　　　　　b

第一片花瓣

❶ 依图示比例将粉红色与白色豆沙装入裱花袋内（a），花嘴较窄那端朝着白色部分。在花钉上裱出约两个食指指节高的圆锥体（b），完成花座。

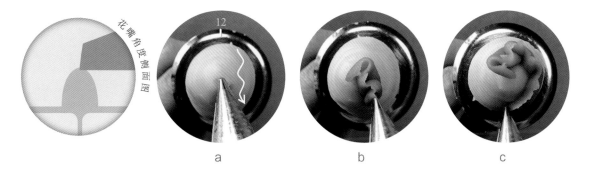

a　　　　　　b　　　　　　c

第一片花瓣

❷ 将花嘴直立，较窄那端向上朝着12点钟方向，较宽那端插入花座中心（a），开始裱豆沙后，右手左右轻摇花嘴并同时往下拉（b），此时左手要逆时针转花钉，右手拉到底（c），完成第一片花瓣。

a　　　　　　b　　　　　　c

中心三片花瓣

❸ 重复步骤❷两次，完成中心三片花瓣（a、b），此时三片花瓣从正上方看应是放射状（c），且三片花瓣间距应相同。

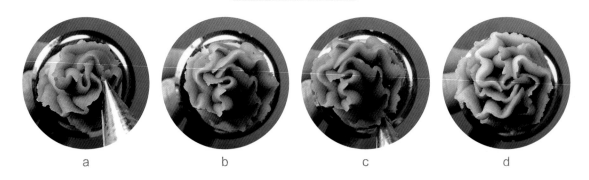

a   b   c   d

中心第四至第六片花瓣

❹ 第四片花瓣，花嘴开始的点，要夹在前面任两片花瓣的中间（a），接着再重复步骤❷共三次，
完成中心六片花瓣（b~d）。

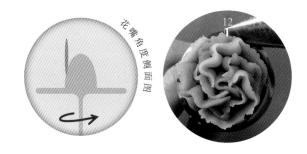

花嘴角度侧面图

外围第一片花瓣

❺ 接着花嘴较宽那端，于12点钟方向轻靠在花座底部，花嘴较窄那端朝上，并向外围倾斜约
15度。

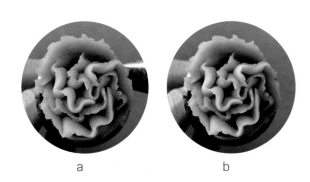

a   b

❻ 裱豆沙时，右手维持在原点由下往上再往下的动作（a），左手同时逆时针转花钉，完成外圈第
一片花瓣（b）。

a   b   c

扩张花朵

❼ 重复步骤❻（a、b）共四次，完成外围第一圈共五片花瓣（c），注意五片花瓣都要和中心部分同样高。若有需要，重复以上步骤将花加大，直到花朵达到所需的大小。

常见 ❗ 错误

① 中心六片花瓣分配不均
六片花瓣彼此间距不同，记得裱每片花瓣前，需要确认彼此间距都相同。

② 六片花瓣没有集中到中心
裱中心前三片花瓣时，花嘴要从同一个圆心开始，后面三片则要尽量靠向中心。

牡丹花苞

牡丹居百花之首，被称为"花王"，因为雍容华贵且多变的姿态，自古以来深受文人雅士的喜爱，也时常出现在各式花礼中。不过牡丹种类繁多，这里先教大家从最简单的做起。

花嘴

惠尔通61号

调色

青栀子粉 ／ 花瓣

裱花步骤

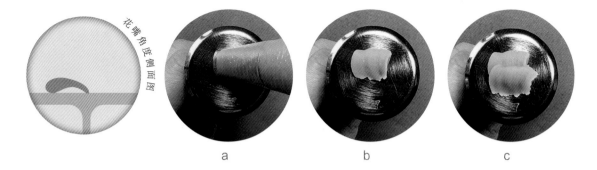

花嘴角度侧面图

a　　　　　　b　　　　　　c

花座

❶ 将花嘴凹口部分紧贴花钉（a），然后裱出两小段平行的豆沙（b、c），完成正方形花座，记得底座厚度一定要够厚，最后剪花时会比较容易。

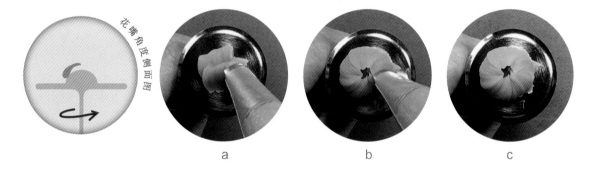

花嘴角度侧面图

a　　　　　　b　　　　　　c

花朵中心圆圈

❷ 花嘴较宽那端，在3点钟方向轻靠花座外围，较窄那端保持离中心约30度（a），右手一边裱豆沙，左手慢慢地逆时针转花钉（b），让豆沙在中心形成一个有皱褶的圆圈（c）。

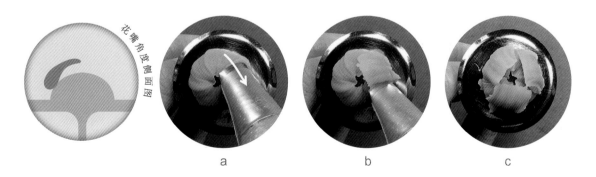

花嘴角度侧面图

a　　　　　　b　　　　　　c

牡丹中心部分

❸ 花嘴保持30度，左手不转花钉（a），用右手在圆圈上裱出三小段豆沙（b），形成一个正三角形（c），注意每片花瓣必须分开，而且都是直线，而不是圆弧形。

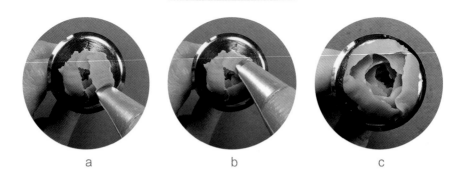

❹ 重复步骤❸（a、b）三至四次，完成牡丹花苞中心部分（c），记得每圈的三角形要互相交错，而且彼此中间都要有些空隙，不要全部叠在一起。

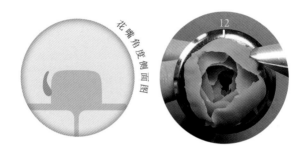

外围花瓣

❺ 花嘴较宽那端在12点钟方向轻靠花朵底部外围，较窄那端垂直朝上。

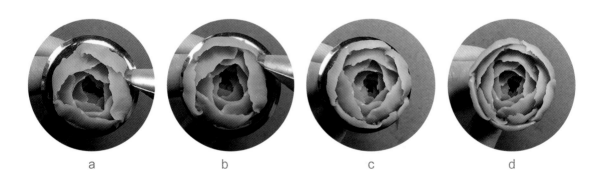

❻ 裱豆沙时，右手维持在原点由下往上再往下的动作（a、b），左手同时逆时针转花钉，重复这个步骤五次，完成外围的一圈花瓣（c），通常牡丹花苞外围会有两到三圈花瓣（d）。

常见 ❗ 错误

① 花瓣呈现圆弧形

裱花瓣时，右手不要绕花座裱，要直接水平移动，在花座上拉出直线，才能制造牡丹复瓣的感觉。

② 花瓣分层不明显

花嘴较窄那头，裱花瓣时没有保持往上翘30度，所以裱出来的花瓣全部叠在一起，看起来层次不明显，花形的感觉也不对。

③ 外圈花瓣太开

裱外圈花瓣时，较窄那头切记是垂直朝上，不能向外围倒。

洋桔梗

洋桔梗的英文名称为EUSTOMA，在希腊语中代表美丽、漂亮的意思，非常适合送给喜欢的对象，表达自己的仰慕之意。裱洋桔梗的花瓣，一定要带些许波浪，会更像真实的花朵。

花嘴

韩国手工玫瑰花嘴

惠尔通2号

调色

甜菜根粉 ／
花瓣

南瓜粉 +
青栀子粉 ／
花心

裱花步骤

a   b   c

花座

❶ 依图示比例将粉红色与白色豆沙装入裱花袋内（a），手工玫瑰花嘴较窄那端朝着粉红色部分（b）。用裱花袋裱出约两个食指指节高的圆锥体（c），完成花座。

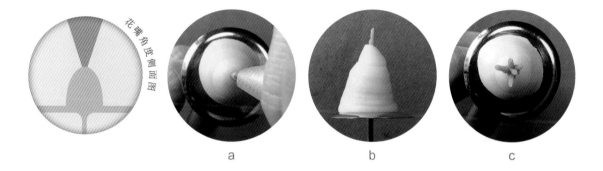

花嘴角度侧面图

a   b   c

花心

❷ 将2号花嘴直立（a），用绿色豆沙在花座最高点，先裱出一根长约1厘米的花心（b）。再以这根花心为中心点，在周围裱出四根花心，完成花心部分，从正上方看，五根花心的根部必须尽量靠近（c），前端则需要自然地朝着不同方向。

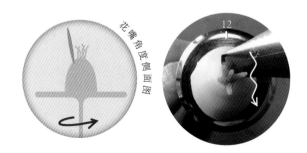

花嘴角度侧面图

12

第一片花瓣

❸ 将手工玫瑰花嘴较宽那端，于花钉12点钟方向轻靠在花座接近花心处，越靠近花心越好，较窄那端向外围倾斜约15度。

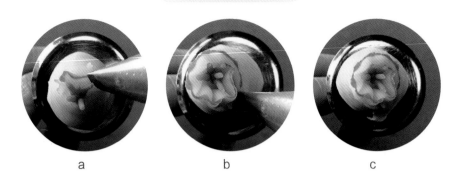

a   b   c

❹ 右手先裱出一些豆沙，随即快速往上拉到高度超过花心处（a），接着右手左右轻摇，然后向下拉到花座底部（b），记得左手要快速逆时针转花钉，完成第一片花瓣（c）。第一片花瓣长度为一整圈，并且必须完整包覆花心底部，将花座部分隐藏起来。

第二片花瓣

❺ 桔梗每片花瓣都是交错的，因此第二片花瓣开始，每片花瓣起始点，花嘴都必须落在前一片花瓣的中间。

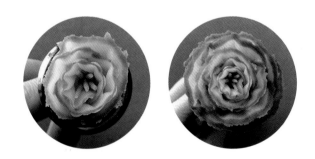

扩张花朵

❻ 重复步骤❹和❺，直到桔梗达到所需的大小，一般来说桔梗会有七到九片花瓣，每一片的层次都非常分明。

常见 ！ 错误

① 中心花座露出来

第一片花瓣离花心太远，裱第一片花瓣时，花嘴越靠近花心越好，另外裱第一片花瓣时，左手转的速度一定要够快，否则花瓣会往外翻，一样没办法把花座部分盖住。

② 花瓣没有层次

右手没有做到往上往下的动作，而是开始和结束都落在同一个高度。这样的花看起来会像蚊香，而且过于扁平。

③ 前三片花瓣落差太大

第二片和第三片花瓣，右手上拉高度不够，另外第二片和第三片花瓣，花嘴开始的点太低。

陆莲花

陆莲花以多重花瓣著称，常常把它和玫瑰或牡丹搞混，这里教大家用比较简洁的方法，来表达陆莲花复瓣的特性，也更容易和其他花种做出区别。此外，因为用这种方法做出来的陆莲花尺寸较小，因此也更方便和其他裱花做搭配。

花嘴

惠尔通103号

惠尔通2号

调色

南瓜粉 ／ 花瓣

裱花步骤

花座

❶ 裱出约一个食指指节高的圆锥体，完成花座，花座不要裱得太大或太高，不然裱出来的陆莲花很容易变得太大。

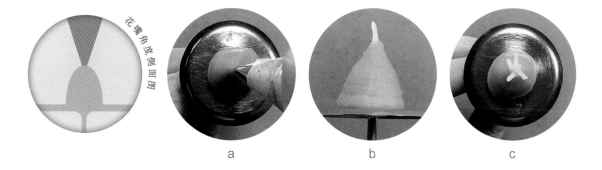

花嘴角度侧面图

a b c

花心

❷ 将2号花嘴直立（a），用未调色豆沙，在花座最高点，裱出一根长约0.5厘米的花心（b）。以这根花心为中心点，在周围裱出四根花心，完成花心部分，从正上方看，五根花心的根部必须合在一起（c），前端则需要自然地朝着不同方向。

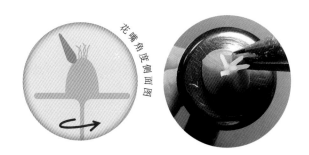

花嘴角度侧面图

第一片花瓣

❸ 103号花嘴较宽那端，在12点钟方向轻靠在花座接近花心处，花嘴较窄那端向外倾斜约5度。

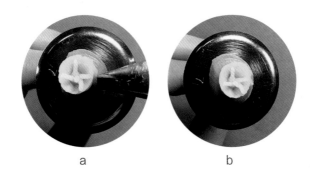

a   b

❹ 右手维持不动开始裱豆沙（a），左手同时逆时针转花钉，完成第一片花瓣（b），花瓣长度为一整圈，且必须完整包覆花心底部，将花座部分隐藏起来。

a   b   c   d

第二片花瓣

❺ 第二片花瓣的花嘴开始点为第一片花瓣中间（a），接着重复步骤❸和❹（b、c）约二次，完成陆莲花，完成的陆莲花每圈看起来间隔都要一样（d）。

☝ 小诀窍

  若发现裱出来的花瓣边缘都是破的，可能是裱得不够用力，或者是豆沙太硬，如果是豆沙太硬，可再加入少许鲜奶油将豆沙调软。

常见 ❗ 错误

① 花瓣太开

裱花瓣时，花嘴较窄那头太向外倾斜，会导致每片花瓣都呈现往外倒的姿态。记得裱花瓣时，花嘴只需向外倾斜约5度。

② 花瓣粘在一起

裱花瓣时，花嘴较窄那头过于向中心倾斜，没有帮花瓣留空间，会造成花瓣相粘连。记得每次开始裱花前，一定要抓对角度，才不会浪费力气，裱了花又不能用。

③ 中心花座露出来

第一片花瓣离花心太远造成。裱第一片花瓣时，以不破坏花心为原则，花嘴越靠近花心越好，裱出来的豆沙才能确实将花座包覆住。

山茶

山茶运用到许多拉的动作，在中级花型里面，算是难度比较高的一种，不过只要确实将花苞部分做好，再掌握花瓣圆弧状、线条利落的特性，就能够做出一朵漂亮的山茶。

花嘴	调色
惠尔通104号	百年草粉 ＋ 青栀子粉 ／ 花瓣

裱花步骤

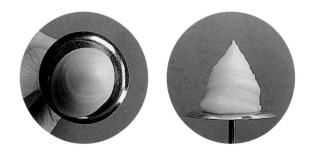

花座

❶ 裱出约两个食指指节高的圆锥体，完成花座。

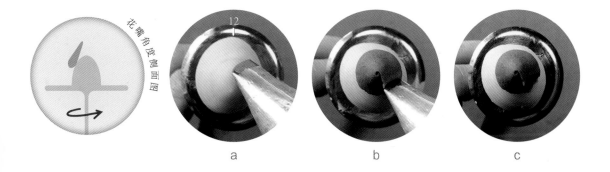

花心

❷ 花嘴较宽那端，在花钉12点钟方向靠着花座，较窄那端向中心倾斜45度。右手一边裱，左手一边逆时针转花钉，裱出豆沙像缎带一样包覆住花座尖端，留下一个小小的开口，就完成花心了。

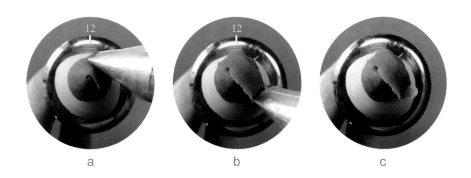

中心花苞

❸ 花嘴较宽那端，在12点钟方向靠着花座（a），较窄那端垂直向上，然后右手边裱边垂直往自己的方向拉（b），裱出一条直线盖住中心的一半（c）。

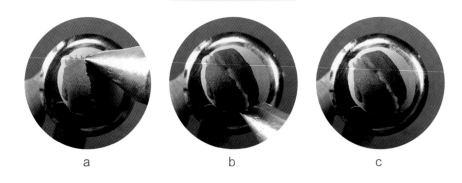

❹ 先将已经裱好的花瓣转到左边（a），接着重复步骤❸，裱出另一条直线，盖住花心的另一半（b），注意两片花瓣要紧密贴合，将花心完全盖住（c）。

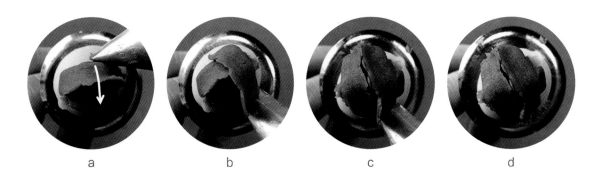

❺ 将先前裱的两片花瓣转成横向，花嘴较宽那端，在12点钟方向靠着花瓣中心点（a），重复步骤❸和❹两次（b、c），完成中心花苞部分（d）。

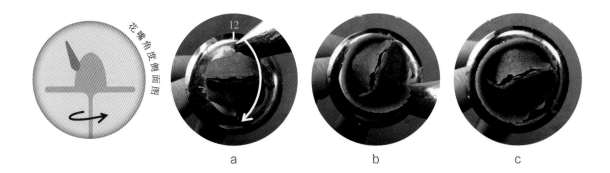

第一片花瓣

❻ 接着要裱外围第一圈的三片花瓣，先将花苞开口转成横向，花嘴较宽那端，在12点钟方向轻靠在花苞外围，较窄那端向外微微倾斜15度（a）。右手先裱出一点豆沙，接着往上拉到超过花苞最高点，然后边裱边往下拉（b），左手都要同时逆时针转花钉，完成花瓣（c）。完成花瓣长度为一整圈，且必须完整包覆花苞底部，将花座部分隐藏起来。

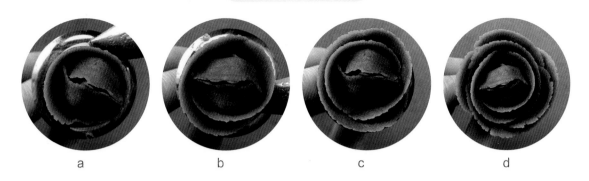

外围花瓣

❼ 第二片花瓣的开始点，要在第一片花瓣的中间（a），接着重复步骤❻两次（b），完成外围第一圈三片花瓣（c），再重复步骤❻五次，完成外围第二圈的五片花瓣（d），即完成山茶。

常见 ❗ 错误

① 外围花瓣不够高
裱外围花瓣时，手一定要拉得比花苞高，才能表达山茶特有的花瓣姿态，整个花形才会漂亮。

② 花心没有包住
裱中心的四片花瓣时，和裱玫瑰花不同，右手不要绕着花心裱，要以拉直线的方式，直接盖过花心。

马蹄莲

白色马蹄莲的花语很美，是至死不渝、忠贞不渝的爱，也是制作新娘捧花时常用的花卉之一。马蹄莲的形状很特别，放在蛋糕上能够延伸视觉，增加造型的层次感与精致度。

花嘴

韩国125K花嘴

惠尔通2号

调色

黄栀子粉 + 可可粉 ／ 花心

裱花步骤

花座

❶ 未调色的豆沙，用韩国125K花嘴在花钉上裱出长方形的花座，厚度约2厘米，记得底座厚度一定要够厚，最后剪花时会比较容易。

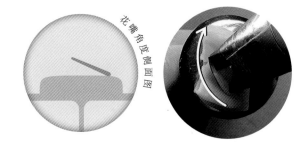

花瓣

❷ 花座较窄那端面向自己，接着将125K花嘴较宽那端，轻靠在花座上比较靠近自己的那边，花嘴较窄那端向另一边倾斜45度。

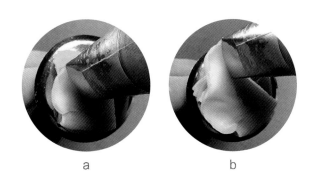

a　　　　　　　b

❸ 接着先裱一点豆沙（a），然后边裱边将右手往左前方轻推，同时左手逆时针转花钉，画出一个圆弧，最后花嘴要停在花座的12点钟方向（b），此时会看到豆沙是一个有波浪的弧线。

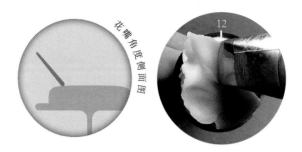

❹ 花嘴停在12点钟方向，花嘴角度略为打直一些，然后轻轻往左压一下，左手不转花钉，做出马蹄莲花瓣的尖端，切忌压得太大力，否则很容易会把花瓣扯破。

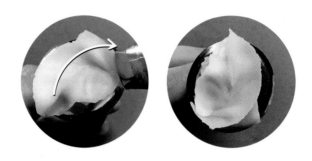

❺ 花嘴继续维持同样角度，左手保持花钉不转，往右画出另一个圆弧，回到花座6点钟方向，让花瓣起头和结束贴合在一起，完成花瓣部分。

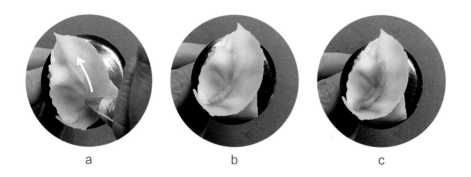

a

b

c

花心

❻ 黄色豆沙用2号花嘴（a），从花的底部往尖端裱出三条重叠直线（b），当成花心的底部（c），不要裱得太长，否则会让花心看起来很不秀气。

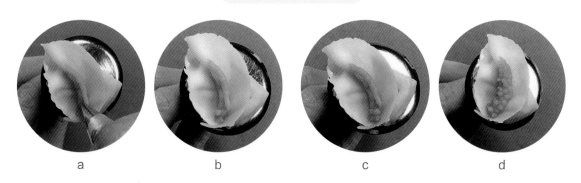

a   b   c   d

❼ 接着将2号花嘴直立（a），用黄色豆沙在直线上裱出圆点（b），每颗圆点要尽量靠在一起（c），直到裱满直线的3／4，完成花心（d）。不要裱满整条直线，花心会看起来比较真实。

常见 ❗ 错误

① 花瓣太开
花嘴向外围倾斜超过45度，会失去马蹄莲圆弧花瓣的特性。

② 花瓣过于直立
花嘴角度太直立，花瓣看起来会像贝壳。

康乃馨杯子蛋糕

组合步骤

 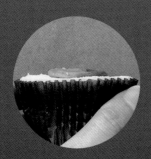

❶ 将蛋糕切到与杯子蛋糕边缘一样平，然后用豆沙裱出一个平面底座型，注意底座不要裱得太高，否则花看起来会像浮在半空中。

❷ 用花剪将康乃馨放在蛋糕正中心，用牙签挡住花朵再将花剪抽出，让花留在蛋糕上，记得是将花剪抽出，而不是用牙签推花朵，用牙签推花朵有时会造成花朵变形。

❸ 如果有需要，用牙签从底下或旁边调整花朵位置，绝对不要从花朵的正上方做调整，否则花瓣很容易被牙签破坏，或是留下调整过的痕迹。

❹ 用352号花嘴在花朵底下裱上叶子，可以只裱两片做装饰，或是裱一圈盖住蛋糕边缘，但注意叶子不要拉得太长，会破坏整体比例（叶子裱法请参考第52～53页）。

❺ 完成的康乃馨杯子蛋糕，这里是用只裱两片叶子的装饰方式，会稍微露出杯子蛋糕的表面，如果不想露出杯子蛋糕表面，可以将叶子裱满，或是预先在杯子蛋糕表面，抹上一层白豆沙遮盖。

 还可以这样做

刚刚学到的桔梗花，尺寸也属于较大的花，也可拿来做单颗杯子蛋糕，做法只要重复步骤❶～❹，就可完成桔梗杯子蛋糕。

牡丹花苞捧花杯子蛋糕

组合步骤

❶ 将蛋糕切到与杯子蛋糕边缘一样平，然后用豆沙裱出一个金字塔型底座，注意底座不要裱得太宽，不然花朵会比较难放上去，也会比较容易从蛋糕上掉下来。

❷ 用花剪将牡丹花苞斜靠在豆沙底座上，花朵外围稍稍盖住杯子蛋糕边缘，用牙签挡住花朵，再将花剪抽出，让花留在蛋糕上。如果有需要，可用牙签从花朵底下调整位置。

❸ 接着用花剪将第二朵牡丹花苞放在第一朵的旁边，重复步骤❷，依序放完三朵花，三朵花中间会有些许空隙。

❹ 接着用352号花嘴，在空隙处补上叶子，大空间补大叶子，小空间补小叶子，叶子的方向最好都不同，会让蛋糕看起来更灵活（叶子裱法请参考第52~53页）。

 还可以这样做

同样属于尺寸较小的陆莲花和山茶，也非常适合用来制作多颗花朵杯子蛋糕，只要重复步骤❶~❹，就可完成陆莲花、山茶的多颗花朵杯子蛋糕。

牡馨（母亲）花束杯子蛋糕

组合步骤

❶ 将蛋糕切到与杯子蛋糕边缘一样平，然后用豆沙裱出一个金字塔型底座，注意底座不要裱得太宽或太高，不然花朵会比较难放，或容易从蛋糕上掉下来。

❷ 用花剪先将较小朵的康乃馨斜靠在豆沙底座上，花朵外围稍稍盖住杯子蛋糕边缘，用牙签挡住花朵，再将花剪抽出，让花留在蛋糕上。如果有需要，可用牙签从花朵底下调整位置。

❸ 接着重复步骤❷，用花剪将牡丹花苞放在康乃馨的旁边，依序放完三朵花后，三朵花中间会有些许空隙。

❹ 用352号花嘴在空隙处补上叶子，中央空隙较大处，须补上大叶子，或用两片小叶子填补，但叶子大小以不盖住花朵为原则。蛋糕周围的空隙，则补上小叶子，注意叶子长度不要太长，否则会破坏整体比例（叶子裱法请参考第52～53页）。

 还可以这样做

只要是尺寸比较小的花朵，基本上都可以混搭，不一定要局限于特定的搭配方式，如康乃馨还可以和牡丹花苞、陆莲花搭在一起，也可以用山茶和陆莲花搭配在一起，只要确定蛋糕上的颜色看起来和谐，花的大小不会差太多即可。

马蹄莲平面杯子蛋糕

组合步骤

❶ 将蛋糕切到与杯子蛋糕边缘一样平，接着用抹刀挖取一些豆沙（需要调得比裱花的豆沙更软），在杯子蛋糕上抹平，形成一个白色的平面。

❷ 用惠尔通352号花嘴，从蛋糕较靠自己的这边，往外裱出长形的水平叶子，作为马蹄莲的背景，可以多裱几片增加变化度。

❸ 用花剪将马蹄莲放在杯子蛋糕上，遮住叶子底部，用牙签挡住花朵，再将花剪抽出，让花留在蛋糕上，按照同样步骤放上另外两朵马蹄莲。

❹ 在空隙处裱上较短的叶子，增加设计上的层次感，注意以不破坏花朵为主，如果空隙太小，就不要勉强裱叶子。

❺ 完成的马蹄莲杯子蛋糕和其他杯子蛋糕不同，属于较平面的杯子蛋糕，因此三朵马蹄莲的底部最好朝向同一个角度，让视觉有集中点，也会更有设计感。

金杖球花圈杯子蛋糕

组合步骤

❶ 将蛋糕切到与杯子蛋糕边缘一样平，接着用抹刀挖取一些豆沙（需要调得比裱花的豆沙更软），在杯子蛋糕上抹平，形成一个白色的平面。

❷ 接着要制作花圈，用惠尔通352号花嘴，在豆沙抹面上裱出第一片叶子，记得叶子的尖角要朝向右边，而且角度要微微往上翘，不要平贴在杯子蛋糕上。

❸ 第二片叶子要裱在第一片叶子的后面，尖角部分要朝不同方向，看起来比较活泼，重复这个步骤，直到裱完整圈叶子，记得中间部分要留白，整个形状才会像花圈（叶子裱法请参考第52～53页）。

❹ 用花剪将最大朵的金杖球放在花圈上，决定主角位置后，再放上较小朵的金杖球，所有金杖球放完时，应呈现不对称的形状。

 还可以这样做

圣诞节常常会出现圣诞花圈裱花蛋糕，其实做法和金杖球花圈蛋糕相似度极高，只要将金杖球的颜色换成红色，就变成小红莓，再依照同样的步骤，将小红莓放在花圈上，就成了最应景的圣诞节裱花杯子蛋糕。

裱花高级篇

高级篇花型追求的是仿真感，因此对花的姿态或调色，要求都会更高，所以大家在裱花之前，更要切实抓对花嘴角度，这样才能准确地把花瓣的形状做对。此外，调色上也都以真实花朵色彩作为调色原则，颜色调得越自然越好。

朝鲜蓟

外型很像释迦的朝鲜蓟，把它裱成迷你版，尖尖的且多层次的形状，加上也是绿色的，非常适合拿来取代叶子，填补花朵中间的空隙，让蛋糕看起来变化更多。

花嘴

惠尔通79号

调色

青栀子粉 + 黄栀子粉 ／ 花瓣

裱花步骤

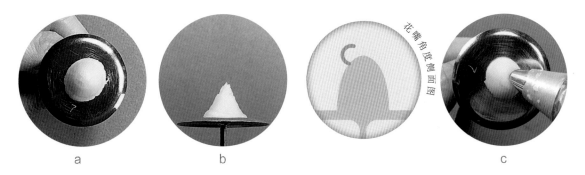

a b c

花座

❶ 裱出一个小圆锥体（a），约为一个食指指节，完成花座（b），注意花座不要裱太大，不然朝鲜蓟会变得很像释迦。接着将79号花嘴凹口处朝向花座（c），下方尖端靠在花座3点钟方向，另一个尖端朝上。

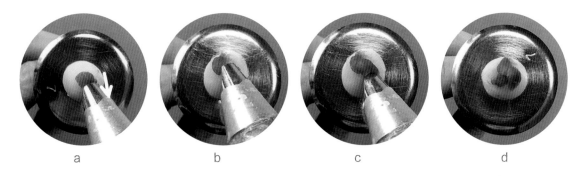

a b c d

花瓣

❷ 右手裱出一个尖角后，右手往花座方向轻压，切断花瓣，完成第一片花瓣（a），左手花钉不用转。朝鲜蓟每片花瓣不重叠，因此第二片花瓣的花嘴，位置要在第一片花瓣旁边（b），接着重复两次（c），完成朝鲜蓟中心的三片花瓣（d）。

外围花瓣

❸ 接着在花座较低位置，重复步骤❷直到裱满一圈，记得这一圈花瓣的尖角部分，要刚好盖住前一圈花瓣的底部，完成的朝鲜蓟会有三到四圈花瓣。

小苍兰

小苍兰的花语是纯洁、浓情，学会裱小苍兰之后，可以和基础玫瑰互相搭配，让整个蛋糕显得更浓情蜜意。裱小苍兰时要特别注意，要让花心有若隐若现的感觉，更能展现小苍兰的含蓄之美。

花嘴

韩国122号

惠尔通2号

调色

南瓜粉 ／
花瓣

南瓜粉 + 青栀
子粉 ／
花心

裱花步骤

花座

❶ 裱出约一个食指指节高的圆锥体，完成花座，花座一定要裱得够高，才有足够的空间制作花瓣的弧度。

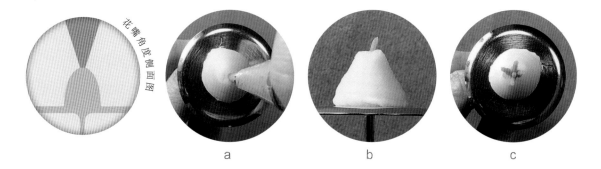

花心

❷ 将2号花嘴直立（a），用绿色的豆沙，在花座最高点裱出一根长约0.5厘米的花心（b）。以这根花心为中心点，在周围裱出四根花心，完成花心部分，从正上方看，五根花心的根部必须合在一起（c），前端则需要自然地朝着不同方向。

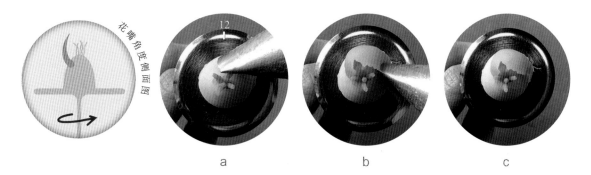

第一片花瓣

❸ 韩国122号花嘴直立，较宽那端在12点钟方向轻靠着花座，较窄那端垂直向上（a），裱豆沙时，右手维持在原点由下往上再往下的动作（b），左手同时逆时针转花钉，完成第一瓣（c），此时花瓣的形状，应该像个圆弧盖子，略微包住中间花心部分。

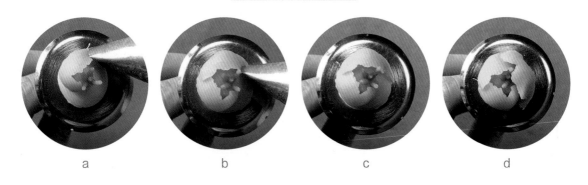

a   b   c   d

第一圈花瓣

❹ 小苍兰的花瓣会略微重叠，因此第二片花瓣的花嘴，开始点会与第一片花瓣结束点略微重叠（a），接着重复步骤❸两次（b、c），完成第一圈的三片花瓣（d）。

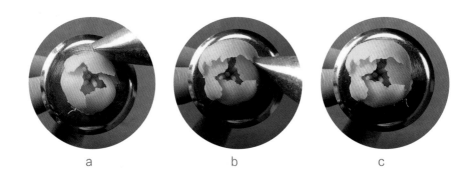

a   b   c

第二圈花瓣

❺ 为了要让花形看起来自然，第二圈首片花瓣起始点，要在前一圈花瓣的中间（a），重复步骤❸，裱出第一片花瓣（b），应该很明显地与第一圈呈现交错（c）。

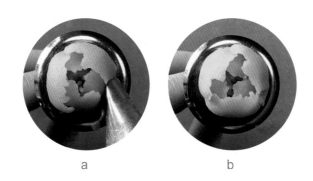

a   b

❻ 重复步骤❸两次（a），完成小苍兰，注意第一圈和第二圈花瓣中间要有足够空间（b），此外花心必须包在花瓣中间，有若隐若现的感觉。

常见 ❗ 错误

① 花心太包
花嘴较窄那端没有垂直向上，反而是向花心倒，导致花瓣完全盖住了花心，而且两圈花瓣中间，也没有留下适当的空隙。

② 花瓣太开
花嘴较窄那头太向外倾倒，记得开始裱花前要把花嘴角度抓对，较窄那端要垂直朝上。

③ 花瓣没有圆弧
裱花瓣时，右手没有切实做到往上往下的动作，而是开始和结束都在同一个高度，无法做出小苍兰花瓣特有的圆弧感。

蜡梅

蜡梅虽然个头很小，但是红色花心配上雪白的花瓣，非常吸睛，却又不至于抢了主角风采，可说是最佳配角，也非常适合代替叶子，填补蛋糕上较大的空隙。

花嘴

惠尔通7号

惠尔通59号

调色

甜菜根粉 + 可可粉 ／ 花瓣

裱花步骤

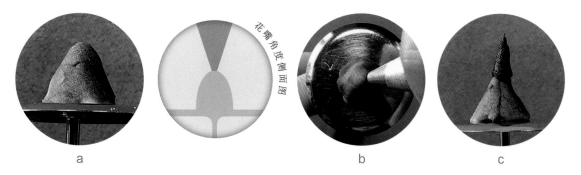

花座和花心

❶ 裱出一个小圆锥体，约为一个食指指节，完成花座（a），花座不要裱得太大或太高。裱花袋内装入红色豆沙，7号花嘴直立靠在花座中心（b），右手边裱边慢慢往上拉，裱出一根较粗的圆锥形花心，高度约为2厘米（c）。

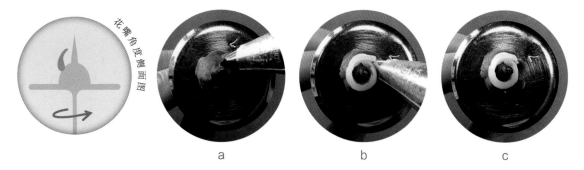

❷ 裱花袋内装入白色豆沙，换上59号花嘴，花嘴较宽那端，在12点钟方向靠着红色花心底部，花嘴较窄那端垂直朝上（a）。右手边裱豆沙，左手边逆时针转花钉，裱出一个圆圈（b），将花心底部包住，让花心的顶端略微露出来（c）。

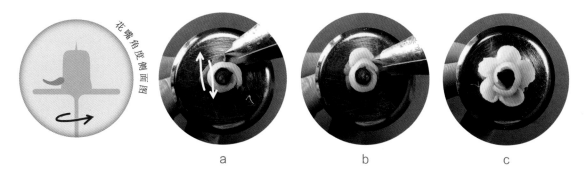

五片花瓣

❸ 接着把59号花嘴放平，较宽那端在12点钟方向靠着圆圈外围（a），较窄那端垂直朝着前方，右手边裱豆沙，边轻轻往外推出去再收回来，左手同时逆时针旋转花钉，裱出一个半圆形花瓣后，右手向圆圈轻压一下将豆沙切断（b），接着重复这个步骤四次，完成蜡梅的五片花瓣（c）。

芍药

芍药在裱花中属于较大型的花，因为层次较多、复杂，且相当重视花朵的姿态，算是难度较高的花朵，裱花的时候要更有耐心，动作放慢一点，可以裱得比较好。

花嘴

韩国122号

调色

百年草粉 + 青栀子粉 ／
内层花瓣

百年草粉 ／
外层花瓣

裱花步骤

花座

❶ 依图示比例将紫色与粉红色豆沙装入裱花袋内。用裱花袋裱出约两个半食指指节高的圆锥体，完成花座，花座要又高又胖，才有足够的空间制作芍药花瓣的层次。

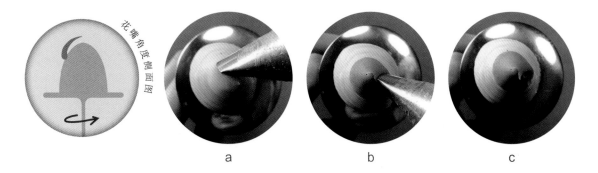

a　　　　b　　　　c

花心

❷ 裱花心时，花嘴较宽那端，在12点钟方向靠着花座，较窄那端向中心倾斜45度（a）。右手边裱，左手边逆时针转花钉，裱出豆沙像缎带一样包覆住花座尖端（b），留下一个小小的开口，就完成花心（c）。

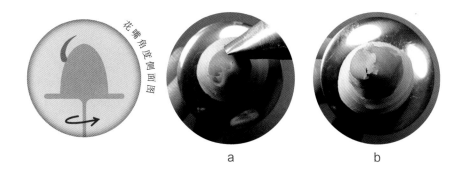

a　　　　　　b

第一片花瓣

❸ 将花嘴较宽那端，在12点钟方向轻靠着花座，较窄那端向内倾斜5度（a）。裱豆沙时，右手在原点快速由下往上再往下，最高点需要些稍超过花心的高度，左手边逆时针转花钉，完成五片花瓣中的第一瓣。完成的花瓣形状，应该像个圆弧的盖子，略微包住中间花心部分（b）。

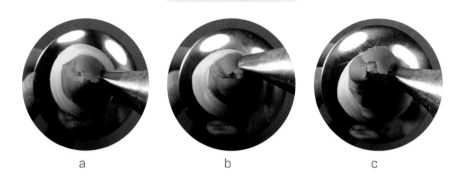

a   b   c

第二片花瓣

❹ 第二片花瓣，花嘴的开始点要与第一片花瓣有些间隔（a），重复步骤❸（b），完成第二片花瓣。第二片花瓣会自然稍微盖住第一花瓣（c），营造芍药复瓣的感觉。

中心花瓣

❺ 重复步骤❸三次，完成中心五片花瓣，五片花瓣会略微重叠，而且刚好盖住花心的部分，记得越中心的花瓣越小，所以第一圈的花瓣别裱太大。

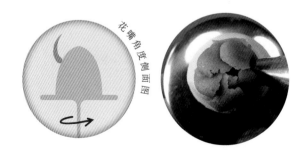

花嘴角度侧面图

第二圈花瓣

❻ 第二圈首片花瓣起始点要在前一圈花瓣中间，此时要将花嘴直立，在3点钟方向轻轻靠着花座，裱豆沙时，右手在原点快速由下往上再往下，左手逆时针转花钉。

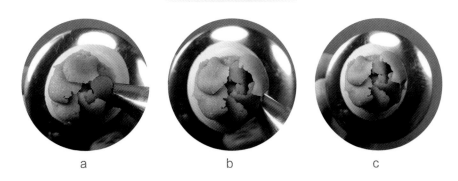

a   b   c

❼ 完成第一片花瓣（a），和第一圈花瓣应该是交错的，并且同样呈现圆弧状（b），略微盖住前一圈的花瓣交界处（c），但不要完全盖住前面的花瓣。

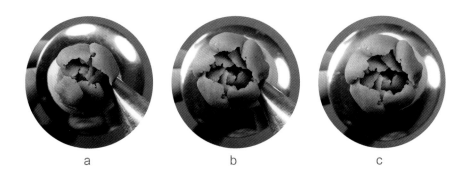

a   b   c

❽ 重复步骤❻五至六次（a），完成花苞部分的第二圈花瓣（b），花瓣长度会比中心长一些，并且略微盖住第一圈的花瓣（c）。

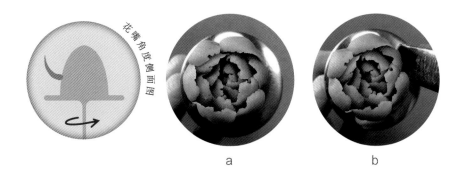

a   b

扩张花朵

❾ 芍药的花苞部分，花瓣通常为三到四圈，可依需要的大小进行调整（a）。完成花苞部分后，花嘴较宽部分仍然轻靠着花座，花嘴较窄那端，微微向外倾斜15度（b）。

❿ 裱豆沙时，保持右手在原点由下往上再往下的动作，左手一边逆时针转花钉，制造开花的感觉，注意花嘴不要一下倾斜太多，否则会让花看起来好像要凋谢了。

⓫ 重复步骤❿，慢慢加花瓣，直到花朵达到所需的大小，记得每增加一圈，花嘴的角度也要跟着增加一点。

 小诀窍

豆沙霜和奶油霜不同，豆沙霜黏着性不高，所以裱花时，要先确定花嘴已接触到花钉或花座后，才开始裱豆沙，这样裱出来的花瓣才不会粘不住。

另外每个人的手感不同，如果从12点钟方向不好裱花，记得改从6点钟方向试试，这时花钉要改成顺时针转。

常见 ❗ 错误

① 花心突出

裱第一圈花瓣时，右手拉得不够高，才会导致花心露出来，记得右手往上拉的高度一定要超过花心。

② 前后圈花瓣重叠

重叠的花瓣会让芍药看起来不自然，记得每一圈的花瓣都要做到交错。

③ 花瓣没有层次

除了中心三圈外，外围花瓣的起始点都要比前一圈花瓣低，才能够做出层次感。

④ 花朵太开

花嘴较窄那头太向外倾倒，记得开始裱花前要把花嘴角度抓对，较窄那端要垂直朝上。

牡丹

牡丹大概是最多人喜欢的花型之一，加入了仿真花心的裱法后，增加了整个花朵的精致度，直接放在杯子蛋糕上，显得非常霸气，若是很多朵一起放在大蛋糕上，更可营造出花团锦簇的效果。

花嘴

韩国122号

惠尔通233号

调色

甜菜根粉 ／
内层花瓣

黄栀子粉 ／
花心

可可粉 ／
花心

裱花步骤

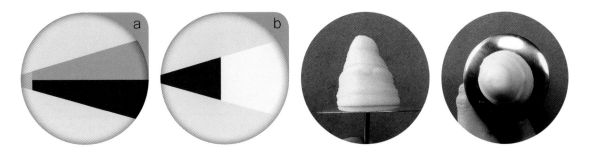

花座

❶ 依图示比例将黄色与咖啡色豆沙装入裱花袋（a）袋内，（b）袋内装入桃红色与白色豆沙。接着用裱花袋裱出约两个半食指指节高的圆锥体，完成花座，花座要又高又胖，才撑得住牡丹的重量。

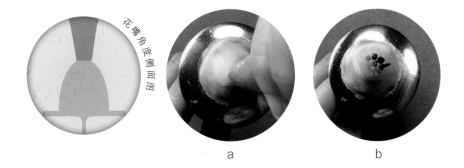

花心

❷ 将（a）袋套上233号花嘴，接着将花嘴直立靠在花座最高点（a），先裱出一些豆沙，然后边裱边往上拉，裱出长度约为2厘米的花心（b），花心会自然倒向四面八方。

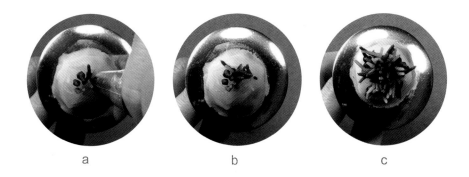

❸ 继续将233号花嘴直立压在第一个花心的四分之一处（a），重复步骤❷（b），直至花座顶端已经完全被盖住，花心看起来很茂密为止（c），注意花心部分尽量自然地倒向四周，不要都朝着同一个方向。

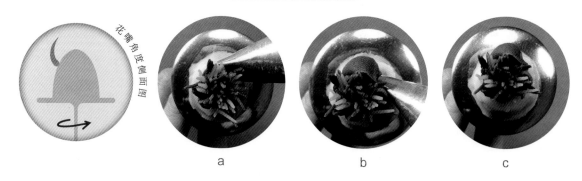

a   b   c

第一片花瓣

❹ 换成（b）袋豆沙，套上韩国122号花嘴，裱花瓣时将花嘴直立，较宽那端在12点钟方向轻靠着花座，较窄那端垂直向上（a），接着右手边裱豆沙，边在原点由下往上再往下（b），最高点需要稍微超过花心的高度，此时左手要同时逆时针转花钉，完成中心五片花瓣中的第一瓣（c），花瓣形状应该像一个圆弧的盖子，略微遮住中间的花心。

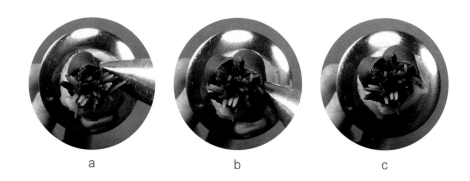

a   b   c

第二片花瓣

❺ 花嘴的开始点要与第一片花瓣有些间隔（a），重复步骤❹（b），完成第二片花瓣（c），注意第二片花瓣不能与第一片花瓣重叠。

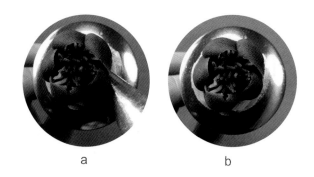

a   b

中心花瓣

❻ 重复步骤❹三次，完成中心共五片花瓣，五片花瓣彼此不交叠，而且每片都是圆弧状，会有稍微把花心包住的感觉。

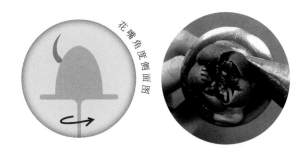

花嘴角度侧面图

第二圈花瓣

❼ 第二圈首片花瓣起始点要在前一圈的花瓣中间，同样将花嘴维持直立，在3点钟方向轻轻靠着花座，请将花嘴较宽那端紧靠花座，避免花瓣粘不住花座。

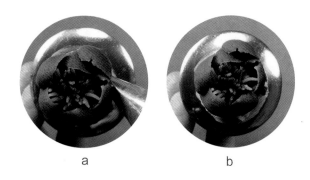

a　　　　　　　　　　　b

❽ 完成第二圈第一片花瓣，和第一圈花瓣应该是交错的（a），并且同样呈现圆弧状，略微盖住前一圈的花瓣交界处（b），但不要完全盖住前面的花瓣。

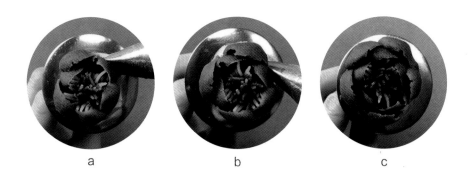

a　　　　　　　　　b　　　　　　　　　c

❾ 重复步骤❹五至六次（a），完成花苞部分的第二圈花瓣（b），花瓣长度会比中心长一些（c）。牡丹中心花苞部分，花瓣通常为二到三圈，可依需要的大小进行调整。

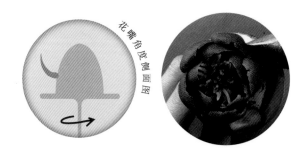

扩张花朵

❿ 完成花苞部分后，花嘴较宽部分仍然轻靠花座，花嘴较窄那端向外倾斜15度，要确定花嘴较宽那端紧靠花座，不然花瓣会粘不住。

⓫ 裱豆沙时，保持右手在原点由下往上再往下的动作，左手同时逆时针转花钉，制造开花的感觉，注意花嘴角度不要一下往外倒太多，不然花瓣看起来会有凋谢的感觉。

⓬ 重复步骤❿和⓫，每增加一圈，记得花嘴的角度也要跟着增加一点，慢慢将花朵加大，直到花朵达到所需的大小。

常见 ❗ 错误

① 花座露出来
花心裱得不够茂密，可用233号花嘴多裱几次，增加花心
的丰盈感。

② 花心完全被盖住
花嘴较窄那头太向花心倾倒，记得开始裱花前要把花嘴角
度抓对，较窄那端要垂直朝上。

③ 花瓣没有圆弧感
裱豆沙时，右手没有做到先往上再往下拉出圆弧的动作。

④ 前后圈花瓣重叠
花瓣重叠的牡丹看起来很不自然，记得每一圈的花瓣都要
做到交错。

银莲花

银莲花属于比较扁平的花，花瓣面积很大，所以裱花时花嘴的操作要更小心，否则会留下明显的痕迹，让花瓣看起来不够完美。

花嘴

韩国125K

惠尔通1号

调色

竹炭粉 ／ 花心

裱花步骤

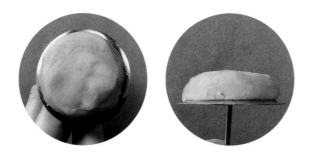

花座

❶ 裱出约一个食指指节厚的圆形平台，完成花座，花座一定要够厚，完成后银莲花才会比较好剪。

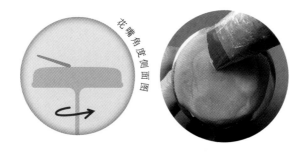

第一片花瓣

❷ 韩国125K花嘴，较长那端靠在花座中心外围一点的地方，较短那端朝着外围并微微上翘15度。

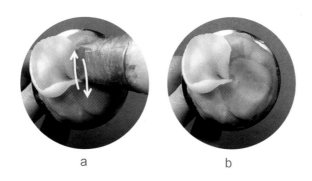

a   b

❸ 裱花瓣时，花嘴从圆心朝着12点钟方向推出去（a），左手同时逆时针旋转花钉，直到花瓣稍微盖住花座边缘后，再沿着同一条直线拉回到圆心（b），完成第一片花瓣。

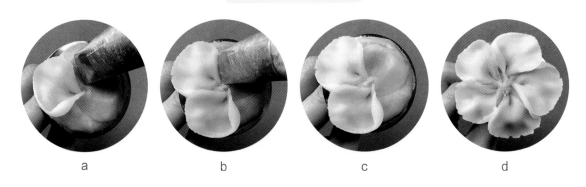

a   b   c   d

第一圈花瓣

❹ 裱第二片花瓣时，花嘴较长那端同样轻靠在花心外围，花嘴较短那端要和第一片花瓣有些距离（a），重复步骤❸（b），完成第二片花瓣（c）。再重复这个步骤三次，完成银莲花第一圈五片花瓣（d），此时会看到中心留下一个类似星星的形状。

第二圈花瓣

❺ 第二圈花瓣要和第一圈交错，因此花嘴要从两片花瓣的中间开始，并且要把较短那端向上微翘30度。

a   b   c   d

❻ 重复步骤❸（a），完成第二圈的第一片花瓣（b），第二圈花瓣长度必须和第一圈相同。接着重复步骤❸四次（c），完成第二圈的五片花瓣，从正上方看，每片花瓣都必须和第一圈交错（d）。

花心

❼ 拿装有黑色豆沙的裱花袋，在花瓣正中央挤出一个圆球（a），完成花心中间部分（b），注意花心不要太大，不然花看起来会很怪异。另外，黑色豆沙容易被染色，一旦碰到白色豆沙很难清除，因此裱花心时，宁可裱太小再慢慢加大，也不要一下就裱得太大。

花蕊

❽ 接着将1号花嘴直立（a），用黑色豆沙在花心外围点出一个小点（b），这就是银莲花的花蕊，花蕊的位置不要离花心太远，重复这个步骤直到点完一整圈花蕊（c）。

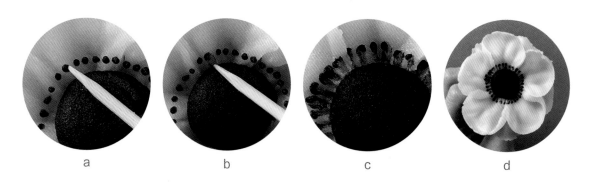

❾ 接着拿一根牙签，轻轻地戳进花蕊中心（a），然后往花心的方向轻拉（b），让花蕊和花心有连接（c）。重复这个步骤，直到所有花蕊都和花心连在一起，这样银莲花就完成了（d）。

牡丹杯子蛋糕

组合步骤

❶ 将蛋糕切到与杯子蛋糕边缘一样平，然后用豆沙裱出一个平面底座型，注意底座不要挤得太高，否则花看起来会像浮在半空中。

❷ 用花剪将牡丹放在杯子蛋糕正中心，用牙签挡住花朵，再将花剪抽出，让花留在蛋糕上，记得是将花剪抽出，而不是用牙签推花朵，用牙签推花朵有时会造成花朵变形。

❸ 如果有需要，用牙签从底下或旁边调整花朵位置，绝对不要从花朵的正上方做调整，否则花瓣很容易被牙签破坏，或是留下调整过的痕迹。

❹ 用352号花嘴在花朵底下裱叶子，可以只裱两片做装饰，或是裱一圈盖住蛋糕边缘，叶子尽量裱胖一点，但不要拉太长，不然会破坏整体比例（叶子裱法请参考第52~53页）。

❺ 完成的牡丹杯子蛋糕，这里只裱两片叶子的装饰方式，会稍微露出杯子蛋糕的表面，如果不想露出蛋糕表面，可以将叶子裱满，或是预先在蛋糕表面抹上一层白豆沙遮盖。

 还可以这样做

其他如芍药或银莲花，也是尺寸较大的花，也可拿来做单颗杯子蛋糕，看起来会非常有气势。做法只要重复步骤❶~❹，就可完成芍药或银莲花杯子蛋糕。

芍药花苞杯子蛋糕

组合步骤

❶ 将杯子蛋糕切到与边缘一样平，然后用豆沙裱出一个金字塔型底座，注意底座不要裱得太宽，否则花朵会比较难放上去，也会比较容易从蛋糕上掉下来。

❷ 用花剪将芍药花苞斜靠在豆沙底座上，花朵外围稍稍盖住杯子蛋糕边缘，用牙签挡住花朵，再将花剪抽出让花留在蛋糕上。若有需要，可用牙签从花朵底下调整位置。

❸ 接着用花剪将第二朵芍药花苞放在第一朵的旁边，重复步骤❷，依序放完三朵花，三朵花中间会有些许空隙。

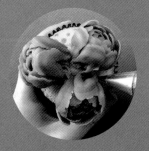

❹ 接着用352号花嘴，在空隙处补上叶子，大空隙补大叶子，尽量不要补太多小叶子，以免感觉像杂草。另外，小空隙补小叶子，叶子的方向最好都不同，会让蛋糕看起来更灵活（叶子裱法请参考第52~53页）。

 还可以这样做
同样属于尺寸较小的陆莲花和山茶，也非常适合用来制作多颗花朵杯子蛋糕，只要重复步骤❶～❹，就可完成陆莲花、山茶的多颗花朵杯子蛋糕。

中国风花束杯子蛋糕

组合步骤

❶ 将杯子蛋糕切到与边缘一样平，然后用豆沙裱出一个金字塔型底座，注意底座不要裱得太高，不然放较小的花朵时，看起来会像浮在半空中。

❷ 用花剪先将芍药花苞斜靠在豆沙底座上，花朵外围稍稍盖住杯子蛋糕边缘，用牙签挡住花朵，再将花剪抽出，让花留在蛋糕上，若有需要，可用牙签从花朵底下调整位置。

❸ 接着重复步骤❷，将小苍兰放在芍药花苞旁边，依序放满小苍兰后，再放上朝鲜蓟、蜡梅等小型的花，填补中间较大的空隙。

❹ 其余的空隙补上叶子，记得以不破坏花瓣和不遮住花朵为原则，尽可能地将空隙补起来，若遇到较大的空隙，可以用一片大叶子，或两片小叶子填补（叶子裱法请参考第52~53页）。

🤟 还可以这样做

高级版的混合花朵，通常会选择一朵主花，其他会搭配像是小苍兰、朝鲜蓟、蜡梅等小型的花朵，一颗杯子蛋糕可以搭配两种、三种，甚至四种花朵，只要视觉上看起来赏心悦目，想怎么搭配都可以，例如芍药花苞搭配蜡梅、芍药花苞搭配朝鲜蓟，再加上蜡梅。

小花礼杯子蛋糕

组合步骤

❶ 将杯子蛋糕切到与边缘一样平，接着用抹刀挖取一些豆沙（需要调得比裱花的豆沙更软），在杯子蛋糕上抹平，形成一个白色的平面，再裱上一个小型的金字塔底座。

❷ 用352号花嘴，在豆沙底座旁先裱出几片叶子，记得叶子最好都朝着不同方向，看起来比较活泼（叶子裱法请参考第52～53页）。

❸ 接着按照喜好随意放上朝鲜蓟和蜡梅，放的时候，可以用朝鲜蓟稍微隔开蜡梅，也可以单边全是蜡梅，单边全是朝鲜蓟，如何设计没有一定的规则，全凭个人喜好，不过尽量将花集中在中间，让外圈露出一些白色的豆沙平面。

❹ 在空隙处裱上小叶子，增加蛋糕层次感，此时要注意，因为剩下的空隙会非常小，因此裱叶子时，要特别小心别破坏花的形状。

 还可以这样做

先前在基础篇学到的苹果花、小雏菊，也可以用同样的方式组合，不过裱花的时候，记得要将花裱小一点，才能够放下较多花。另外，建议大家勇于尝试不同的搭配，例如也可以小雏菊搭配朝鲜蓟，不一定要按照这里的搭配组合。

蜡梅花开图杯子蛋糕

组合步骤

❶ 将杯子蛋糕切到与边缘一样平，接着用抹刀挖取一些豆沙（需要调得比裱花的豆沙更软），在杯子蛋糕上抹平，形成一个白色的平面。

❷ 将2号花嘴直立，用咖啡色豆沙，从蛋糕较靠自己的这边，沿着杯子蛋糕内圈，往外裱出不规则的树枝。

❸ 为了让蛋糕看起来更有变化，树枝可以多裱几个方向，并且可以在树枝的末端，多做几个小分权。

 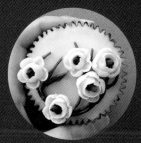

❹ 用花剪将蜡梅放在树枝的分权处，等到所有蜡梅放完时，应该是奇数，而不是偶数，这样会让蛋糕看起来比较有设计感。

❺ 接着在蜡梅底部裱上小叶子，叶子千万不要裱得太大，也不要裱太多，不然很容易喧宾夺主，抢了蜡梅的风采。此外，所有的叶子最好朝着不同方向，看起来比较灵活。

 还可以这样做
也可以将蜡梅替换成朝鲜蓟或金杖球，不过记得裱花的时候要裱小一点，这样才能放得下较多花。

仿真叶篇

组装完花朵但还没加上叶子的蛋糕，就好像是还没化完妆的女生，加上叶子就像帮蛋糕完妆，因此，变化越多、颜色越写实的叶子，越能让蛋糕的"妆容"更精致。这里要教授四种仿真叶子的裱法，大家可以先将叶子裱在烘焙纸上，等到放干之后，直接从烘焙纸上剥下来，就可以和花朵搭配使用。

玫瑰叶

裱花步骤

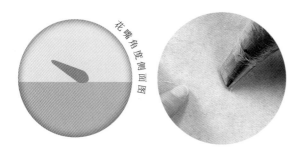

❶ 撕一张烘焙纸当底，接着将104号花嘴较宽那端朝向自己，靠在烘焙纸上，较窄那端朝外并微微向上翘15度，左手压住烘焙纸，避免裱花时纸张乱跑。

❷ 右手先挤出一些豆沙，接着边裱豆沙边快速前后移动，右手慢慢地往前推出去，裱出叶子的左半部。

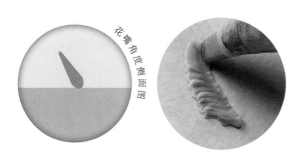

❸ 当叶子达到需要的长度时，左手轻轻逆时针转一下烘焙纸，同时右手将花嘴角度略微抬高，往上制造一个尖角后就往下拉，制造出尖尖的叶子尾端。

❹ 接着同样边裱边前后移动，但是与开始时反方向，从叶子尾端一路往开始的地方裱，直到与开始处的豆沙合在一起，完成叶子右半部。注意叶子左半边和右半边要一样大，看起来会比较平衡。

羊耳叶

裱花步骤

❶ 用烘焙纸当底，接着将104号花嘴较宽那端朝向自己，靠在烘焙纸上，较窄那端朝外并微微向上翘15度，左手压住烘焙纸，避免裱花时纸张乱跑。

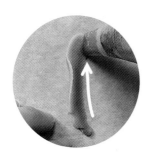

❷ 右手边挤豆沙，边笔直地往前方推出去，裱出叶子的左半部，这时叶子会呈现一点波浪形。

❸ 当叶子达到需要长度时，左手轻轻逆时针转一下烘焙纸，右手将花嘴角度略微抬高，接着往左轻压一下之后往下拉，制造出尖尖的叶子尾端。

❹ 接着右手一边挤豆沙，一边笔直往下拉，直到与开始处的豆沙接在一起，完成叶子右半部。注意叶子中间要密合，不能有裂缝，否则使用时，拿起来就会从中间裂开。

长形的弯叶子

裱花步骤

花嘴角度侧面图

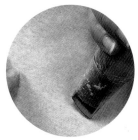

❶ 撕一张烘焙纸当底，将韩国125K花嘴较长那端朝向自己，靠在烘焙纸上，较短那端朝外并向上微微翘15度，左手压住烘焙纸，避免裱花时纸张乱跑。

❷ 右手先挤出一些豆沙，接着一边挤豆沙，一边快速前后移动，右手慢慢地往前推出去，此时左手要同时轻轻将烘焙纸逆时针转，制造叶子弯弯的感觉，叶子裱得越长，弯的角度就会越大。

花嘴角度侧面图

❸ 当叶子达到需要的长度时，左手轻轻逆时针转一下烘焙纸，右手将花嘴角度略为抬高，接着往左轻压一下之后往下拉，制造出尖尖的叶子尾端。

❹ 接着同样边裱边前后移动，但是与开始时反方向，从叶子尾端一路往开始的地方裱，左手顺时针轻轻转动烘焙纸，直到花嘴与开始处的豆沙接合，完成叶子右半部。

藤蔓叶

裱花步骤

花嘴角度侧面图

❶ 用一张较大张的烘焙纸当底，韩国125K花嘴较长那端朝向自己，靠在烘焙纸上，较短那端微微向上翘15度，左手压住烘焙纸，避免裱花时纸张乱跑。

花嘴角度侧面图

❷ 右手先挤出一些豆沙，接着一边挤豆沙，一边快速前后移动，右手慢慢地往前推出去，裱出一小段叶子后，右手将花嘴略为抬高，并往左边轻压一下，接着往下拉，完成叶子的第一个叶片。

❸ 紧接着重复步骤❷，完成第二个叶片，注意两个叶片不要重叠，也不要隔得太远，这样完成的叶子形状才会漂亮。

❹ 然后再次边挤豆沙，边快速前后移动，当叶子达到希望的长度时，左手轻轻将烘焙纸逆时针转，右手边裱边往下拉，制造出尖尖的叶子尾端。

❺ 接着同样边裱边前后移动,但是与开始的时候反方向,从叶子尾端往开始的地方裱,直到叶片左右一样大,就完成第三片叶片,也是最高的叶片。

❻ 右手再次边挤豆沙边快速前后移动,裱出一小段叶子后,将花嘴往回拉,制造出叶片尾端的尖角,完成叶子的第四个叶片。

❼ 重复步骤❻,完成整个叶子。藤蔓叶的重点在于左右叶片的大小和高低,要尽量做到对称,另外尖角也要做得够明显。

 小诀窍

裱叶子的豆沙调色,不一定只有绿色,可以在袋子里加入一些黄色、咖啡色甚至粉红色豆沙,这样裱出来的叶子有颜色上的自然变化,会让叶子看起来更真实。

大蛋糕组合法

经过前面多种杯子蛋糕的组合练习，大家对花朵组合技巧应该都有了基本认识，接着要示范怎么运用基础、中级与高级的花朵，在不同的豆沙底座上，组合出五种风格各异的六寸蛋糕。大家平时也可尝试混搭不同花朵，别害怕失败，多尝试一定能找到自己喜欢的风格。

玫瑰捧花型蛋糕

运用花朵：基础玫瑰（主花）、花苞、苹果花

裱花步骤

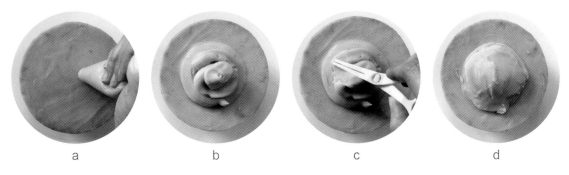

a   b   c   d

底座

❶ 裱花袋靠在蛋糕正中心（a），然后边裱边往外绕圈，裱出一个金字塔型的豆沙底座（b），然后将花剪当成抹刀涂抹底座（c），直到金字塔变成一个半圆形（d），注意底座不要裱得太大或太宽，否则花朵会比较不容易放上去。

a   b   c

放置基础玫瑰

❷ 用花剪剪取最大朵的基础玫瑰，然后放在豆沙底座正中心，用牙签挡住花朵再将花剪抽出（a），让花留在蛋糕上，此时基础玫瑰应该是在底座的最高点，如果要调整花朵位置，可用牙签从底下调整花朵位置（b、c）。

a   b

组合花朵

❸ 为了让视觉效果看起来更有变化，这里挑选不同色系、尺寸也较小的基础玫瑰（a），放在第一朵玫瑰的旁边（b）。建议每次组合蛋糕前，先选定蛋糕上的主花，再依照主花的颜色和大小去搭配其他花朵，能够大幅缩短组合的时间。

a　　　　　　　b　　　　　　　c　　　　　　　d

❹ 接着剪取不同颜色的花苞，放在第二朵基础玫瑰的旁边（a），同样可以增加蛋糕的变化性，接着重复这个步骤（b、c），沿着基础玫瑰周围放满整圈尺寸不一的玫瑰花，每朵花中间留下一些空隙（d）。

a　　　　　　　　　b　　　　　　　　　c

❺ 接着在蛋糕最外围部分，放上更小的花苞填补剩余空间（a、b），花朵摆放位置以不超过蛋糕外围为主，花朵放得太外面，容易从蛋糕上掉下来。另外，放完所有花之后，整个蛋糕从正上方看起来要是圆的（c）。

a　　　　　　　　　b　　　　　　　　　c

❻ 靠近中心较大的空隙处，已经放不下玫瑰或花苞，这时可以放上苹果花填补空间（a、b），如果想增加变化性，苹果花的花心可用食用银珠替代（c），这样会更亮眼。

a   b

❼ 检查是否还是有比较大的空隙（a），如果还是有，可以多放几朵苹果花来填补（b），但苹果花数量建议是奇数，整体画面看起来会比较有设计感。

a   b   c

❽ 用352号花嘴，在蛋糕最外围的空隙处补上水平叶子（a），大空隙要补上大叶子，小空隙则补小叶子（b），叶子尾端的方向最好朝着不同方向，蛋糕看起来会更自然（c）（叶子裱法请参考第52～53页）。

a   b   c

❾ 再将352号花嘴直立（a），小心地插入蛋糕中央，在较小的空隙裱叶子，叶子的大小以不盖住花朵为原则（b），如果空隙真的太小，就不要勉强补叶子，避免破坏旁边的花朵。所有的空隙都补上叶子后，玫瑰捧花蛋糕就完成了（c）。

缤纷花卉月牙型蛋糕

运用花朵：康乃馨（主花）、基础玫瑰、卷边小玫瑰、

牡丹花苞、山茶、马蹄莲、金杖球

裱花步骤

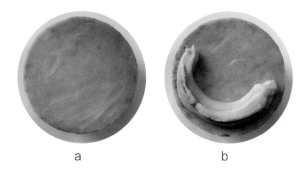

a   b

底座

❶ 蛋糕表面切平，抹上一层薄薄的豆沙（a），然后用裱花袋在蛋糕边缘挤出一个胖胖的新月形状（b），中间的部分要最高，如果有需要，可以用花剪修剪底座形状。

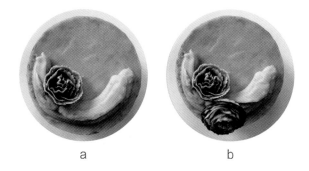

a   b

放置主花

❷ 用花剪将最大朵的康乃馨斜靠在底座凹陷处中央，面向蛋糕中心（a），接着在底座相对应的另一边，摆上最大朵的基础玫瑰，面向蛋糕外围（b），记得两朵花的位置需要稍微错开。

a   b   c

❸ 接着在康乃馨同一侧，放上颜色不同但较小的基础玫瑰（a），重复这个放花的步骤，直到整个新月型底座完全被花盖住（b），注意每一朵花的位置都需要错开，让中间部分最宽，两端比较窄，正上方看起来像月牙（c）。接着用352号花嘴，在蛋糕最外围与中间的空隙处补上叶子，记得叶子以不盖住花为原则，如果空隙太小，也不用勉强补叶子（叶子裱法请参考第52～53页）。

花开富贵花圈型蛋糕

运用花朵：牡丹（主花）、芍药、牡丹花苞、芍药花苞、康乃馨、山茶

裱花步骤

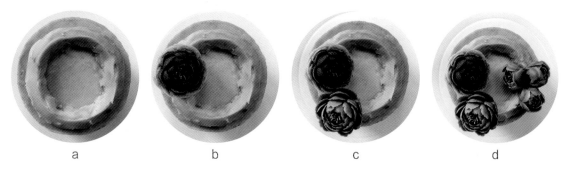

a b c d

放置主花

❶ 用裱花袋在蛋糕边缘挤出一个圆圈底座，圆圈中心部分最高（a），接着将牡丹面向中心斜靠在底座上（b），再将另一朵牡丹面向外围斜靠在底座上（c），记得两朵花的位置需要稍微错开，然后在正对面放上三朵牡丹花苞（d），从视觉上看起来是一个三角形，接下来摆放其他花朵时，都要以这个三角形为设计中心。

a b c d

组合花朵

❷ 为了达到视觉上的平衡，在三朵花苞旁放上较大的白色芍药（a），左边两朵大花旁，则摆上较小的芍药花苞（b），接着在中间的空隙部分，分别摆上中型白色康乃馨和牡丹花苞（c），让两边的花朵尺寸有所连接（d），慢慢缩小两边的距离。

a b c d

❸ 再用山茶和康乃馨等中型花朵（a），将空隙处填满（b），记得每朵花位置都要错开（c），而且要随时注意视觉上的比重。再用352号花嘴，将蛋糕的空隙处补上叶子（d），叶子要确实遮住两朵花的交界处，避免花的底座部分露出来（叶子裱法请参考第52～53页）。

花团锦簇花冠型蛋糕

运用花朵：芍药（主花）、银莲花（主花）、基础玫瑰（主花）、

山茶、马蹄莲、小苍兰、蜡梅、朝鲜蓟、金杖球

裱花步骤

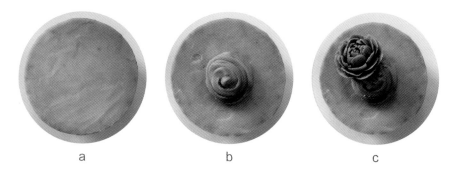

a   b   c

底座

❶ 蛋糕表面切平，抹上一层薄薄的白豆沙（a）。用裱花袋在蛋糕中心裱出一个小的半圆形底座（b），底座不要裱得太高，接着将芍药斜靠在底座上，面向蛋糕外围（c），如果想要的话，也可将芍药放在底座最高点，面向正上方。

a   b   c   d

放置主花

❷ 确定第一朵主花位置后，再靠着主花放上银莲花和基础玫瑰（a），确定三朵主花的位置后（b），再于空隙处摆上小苍兰、山茶等较小的花朵（c），记得蛋糕外围要适当留白，不要全部放满（d）。

a   b   c

❸ 为了营造视觉延伸效果，在蛋糕最底部空隙处放上马蹄莲（a），马蹄莲尾端最好朝着不同方向（b），其他剩下的较大空隙处，放上蜡梅和朝鲜蓟来替代叶子（c），增加蛋糕变化感。最后用352花嘴，在底部剩余空隙处补上较长的叶子，增加设计感，中间小空隙则补上小叶子，就完成花冠型蛋糕了（叶子裱法请参考第52~53页）。

不对称花礼型蛋糕

运用花朵：芍药（主花）、康乃馨（主花）、牡丹花苞、
小苍兰、陆莲花、马蹄莲、蜡梅、朝鲜蓟、金杖球

裱花步骤

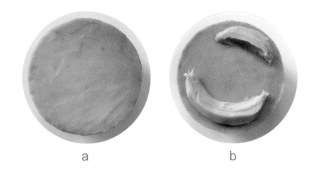

a　　　　　　　b

底座

❶ 蛋糕表面切平，抹上一层薄薄的白豆沙（a），再用裱花袋在蛋糕上方裱出一个小的圆弧底座，下方则裱出一个大的圆弧底座（b），两个底座头尾不要靠得太近，这样等组合花朵时才不会看不出分界点。另外，两个底座的中心点都要最高。

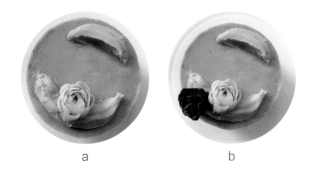

a　　　　　　　b

放置主花

❷ 将芍药斜靠在较大的底座上，面向蛋糕中心（a），接着在相对应的底座的另一边，摆上另一朵主花康乃馨，面向蛋糕外围（b），记得两朵花的位置需要稍微错开。

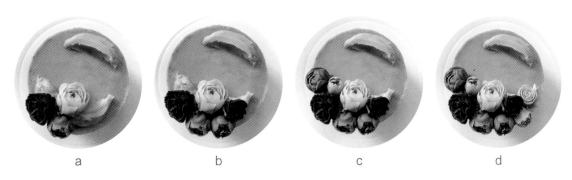

a　　　　　b　　　　　c　　　　　d

组合花朵

❸ 选取较小朵的芍药花苞，放在两朵主花的中间（a），填补主花交界处的空隙，接着重复步骤❷，直到圆弧型底座完全被花盖住（b），每一朵花的位置都会稍微错开（c），让中间部分最宽，两端比较窄，正上方看起来像半圆形（d）。

a   b   c

❹ 接着在较大的空隙部分（a），放上蜡梅、朝鲜蓟、金杖球等较小朵的花来替代叶子（b），增加蛋糕的变化感，这些小花会稍微盖到大朵的花（c），属于正常现象，不用担心。

a   b

❺ 完成较大底座的花朵组合后（a），再来组合较小圆弧形底座的花朵，先在底座的尖端部分放上马蹄莲（b），增加视觉的延伸感。

a   b

❻ 决定视觉的主要方向后，再放上另外两朵马蹄莲（a），三朵马蹄莲的根部最好都朝着同一个方向（b），但尖端部分则可略微朝不同方向延伸。

a　　　　　　　b　　　　　　　c

❼ 在小圆弧花座摆上小苍兰、康乃馨、朝鲜蓟等花朵（a），直到整个花座被花盖住（b），注意两个底座中间一定要留下空隙（c），看起来才会像是两束花。

a　　　　　　　　　　b

❽ 接着在较大空隙部分，摆蜡梅来替代叶子（a），增加蛋糕变化度，最后用352号花嘴，在剩余小空隙处裱上叶子，记得两个底座的空隙都要裱叶子（b）。另外，叶子不要裱太长，让整体视觉干净一点，这样就完成不对称型蛋糕了（叶子裱法请参考第52～53页）。

🖐 **小诀窍**
不对称型蛋糕的重点在于两个豆沙底座上的花，比重要一大一小，因此在选择花朵时，较大的主花都会放在大底座那侧，小型底座部分会尽量选用较小朵、延伸性较强的花朵，才能做出对比，也不会让整个蛋糕看起来过于拥挤。

裱花心得分享

我上课时有个规矩，就是要求学生把裱出来的第一朵花保留下来，刚开始大家会不明白为什么，只觉得第一朵花真丑，只想赶快把花毁掉。但随着课程的进行，多数学生都会说"还好有留下第一朵花"，原因无他，就是因为经过重复练习后，再拿新裱的花与第一朵相比，大家都看到了自己明显的进步。

其实裱花真的不能怕丑，根据我的教学经验，通常没有想太多、也不怕作品丑的学生，进步得最快、学的也最多。因为如果没有实际动手做过，仅在脑中想象，很难理解裱花步骤的意义，也没办法明白为什么我要反复提醒"左手记得转花钉""花嘴角度要先抓对""花嘴先碰到花座才挤豆沙"等重要步骤。更重要的是，没有实际遇到裱花问题，就没办法解决问题，所以我常提醒学生，别急着毁掉丑的花，好好研究它为什么丑，丑了再裱一朵就好，没什么了不起。

我的裱花资历虽然不算长，但回过头看，自己都觉得进步神速。和大家分享我人生首个裱花蛋糕，从一开始连玫瑰花都裱不好，不仅花心突出、花瓣糊在一起、花的姿态不对，甚至连调色都不尽理想，叶子的部分看起来也很呆板，简单来说，整个蛋糕就是不够精致、灵活、真实，但在练习裱了几千朵的玫瑰后，我裱出来的玫瑰终于达到完美的程度，姿态和大小都对了，再经过几百次的练习，我连颜色都抓得更精确、更柔美。

没有人一开始裱花就非常完美，希望大家能够放松心情，享受裱花的过程，相信当练习结束，你们再回头去看，一定会充满成就感。

Myra

花型花嘴快速指引页

104 花嘴 | P18

104 花嘴 | P24

97 花嘴 | P28

103 + 2 花嘴 | P32

103 + 23 花嘴 | P36

352 + 2 花嘴 | P40

79 花嘴 | P44

104 + 2 花嘴 | P48

2 花嘴 | P62

手工玫瑰花嘴 | P64

61 花嘴 | P68

手工玫瑰花嘴 + 2 | P72

103 + 2 花嘴 | P76

104 花嘴 | P80

125K + 2 花嘴 | P84

79 花嘴 | P100

122 + 2 花嘴 | P102

59 + 7 花嘴 | P106

122 花嘴 | P108

122 + 233 花嘴 | P114

125K + 1 花嘴 | P120

352 花嘴 | P52

104 花嘴 | P135

104 花嘴 | P136

125K 花嘴 | P137

125K 花嘴 | P138

P54

P56

P58

P88

P90

P94

P92

P96

P124

P126

P128

P130

P132

P142

P146

P148

P150

P152